ROSEN

ROSEN

Die Geschichte der Rose

PETER E. KUKIELSKI
& CHARLES PHILLIPS
VORWORT VON JUDITH B. TANKARD

GERSTENBERG

Die Originalausgabe erschien 2021 unter dem Titel
Rosa. The Story of the Rose bei

The Bright Press, einem Imprint der Quarto Gruppe
The Old Brewery, 6 Blundell Street
London, N7 9BH,
United Kingdom

www.QuartoKnows.com

Layout: JC Lanaway

Aus dem Englischen von Anke Wagner-Wolff
(sämtliche Zitate wurden aus dem englischen Original neu übersetzt)

1. Auflage 2022

Satz und Redaktion: twinbooks, München

Printed in Singapore by C.O.S. Printers Pte Ltd.

ISBN 978-3-8369-2187-9
www.gerstenberg-verlag.de

FSC www.fsc.org MIX Papier aus verantwortungsvollen Quellen FSC™ C007207

INHALT

VORWORT

Judith B. Tankard

Seit Jahrhunderten beflügeln Rosen die Fantasie der Menschen – vom freudig empfangenen Blumenstrauß bis hin zu Züchtung und Benennung neuer Sorten. In der Vergangenheit waren sie sogar oft in politische Intrigen verstrickt und selbst der traditionelle englische Garten ist ohne sie nicht denkbar. Schon in Edwardianischer Zeit zierten zahlreiche Rosenkaskaden die zeitgenössischen Gartengemälde. So schuf z. B. 1910 Alfred Parsons, einer der besten Künstler der Epoche, die Illustrationen zum Rosenbuch der in Warley Place (Essex) wirkenden Pflanzenzüchterin Ellen Willmott. Seine Werke müssen den Vergleich zu Pierre-Joseph Redoutés berühmten Tafelwerken über Rosen nicht scheuen. Auch die englische Gartengestalterin und -autorin Gertrude Jekyll erhielt mit ihrem auf jahrelanger Erfahrung basierenden Rosen-Ratgeber von 1902 beiderseits des Atlantiks große Beachtung. Zu ihren Bewunderern zählte Jahre später die bekannte US-amerikanische Landschaftsgärtnerin und Rosenliebhaberin Beatrix Farrand. Sie prägte die Maxime: »Lege keinen Rosengarten an, wenn du dich nicht um ihn kümmern kannst.« Schon als Kind lernte sie im weitläufigen Garten ihrer Großmutter in Newport alles über Rosen. Diese praktische Erfahrung erwies sich als sehr nützlich, als Farrand 1915 damit beauftragt wurde, für den Botanischen Garten in New York (heute: Peggy Rockefeller Rose Garden) einen großen Rosenschaugarten anzulegen. Als Quelle der Inspiration diente ihr das Rosarium Roseraie de l'Haÿ (heute: Roseraie du Val-de-Marne) bei Paris, das über 2000 Sorten umfasst.

Fast 100 Jahre später lernte ich den hier als Kurator tätigen Rosenexperten Peter Kukielski kennen, dem mithilfe neuer Sorten eine kongeniale Wiederbelebung von Farrands ursprünglicher Anlage gelang. Sowohl sie als auch Gertrude Jekyll wären von den heutigen Rosenschaugärten sicherlich begeistert gewesen. Sein lesenswerter und fesselnder Band, ein Werk vieler Jahre, wird auch künftige Generationen von Rosenliebhabern in seinen Bann ziehen.

Die »Roseraie du Val-de-Marne« bei Paris hat sich ganz den Rosen verschrieben. Dieses einzigartige Rosarium ist bekannt für seine geschickt eingesetzten architektonischen und dekorativen Elemente, die Tausenden von Rosensorten eine perfekte Bühne sind.

EINLEITUNG: GESCHICHTEN VON ROSEN

Kommst du in den Garten?
Ich möchte dich gern meinen Rosen zeigen.

RICHARD BRINSLEY SHERIDAN (1751–1816)

Dem griechischen Philosophen Aristoteles wird der Satz zugeschrieben: »Das Ganze ist mehr als die Summe seiner Teile« (um 350 v. Chr.). In diesem Buch sind diese »Teile« die Geschichten, die sich um die anmutigen und unverwüstlichen Rosen ranken. Rosen erzählen eine fortlaufende Geschichte, an deren Beginn – wie bei jedem anderen Werk – ein erstes Kapitel steht. Und so könnte die Geschichte der Rosen mit einem Satz beginnen wie »Es war einmal vor etwa 35 Millionen Jahren in einem weit entfernten Land …«.

Die Rosen, die in diesem Buch die Hauptrolle spielen, werden in den nachfolgenden Kapiteln in verschiedenen Szenen vorgestellt – so etwa in archäologischen Stätten, alten Mythen, in historischen Lustgärten und dem Alltag versunkener Kulturen. Rosen begegnen uns in der Religion, in Liebesgeschichten, in der Dichtung und Literatur ebenso sowie im Krieg. Sie inspirierten Kunstwerke und architektonische Meisterwerke und sind unerlässliche Ingredienzen für Düfte und Heilmittel.

In der griechischen und römischen Antike hatte die Rose einen hohen Stellenwert und in der antiken Mythologie war sie als Symbol den Liebesgöttinnen Aphrodite und Venus zugeordnet. Dichter und Denker wie Theophrast, Sappho und Plinius huldigten der Rose in ihren Schriften, aber auch Alexander der Große war Rosen sehr zugetan. Große Rosenliebhaber waren auch die römischen Kaiser Nero und Elagabal. Im Christentum verband man die symbolträchtigen Blumen mit der Jungfrau Maria, dem Rosenkranz und verschiedenen Heiligen. Und von Shakespeare stammt das Zitat aus der berühmten Balkonszene in »Romeo und Julia«, dass »was wir Rose nennen, anders genannt ebenso lieblich duftete«. Künstler wie Renoir, van Gogh und Manet ließen sich von Rosen inspirieren, was viele ihrer Gemälde belegen. Ein Beispiel für die Bedeutung der Rose im Islam und Sufismus finden wir beim persischen Sufi-Mystiker und Dichter Rumi, der sie in seinem Hauptwerk Masnawi (»Geistige Zweizeiler«) besingt.

Legendär wie die Diven unserer Tage sind die Hauptdarstellerinnen dieses Buchs: zahlreiche berühmte Rosen aus verschiedenen Epochen wie *Rosa gallica*, *Rosa sancta*, 'Autumn Damask' (auch 'Quatre Saisons') und die 'Rose von Kazanlik'. Namen von Rosen verweisen darüber hinaus auf historische Berühmtheiten wie etwa die zartrosafarbene Bourbon-Rose 'Souvenir de la Malmaison', die an Kaiserin Joséphine von Frankreich und ihr berühmtes Schloss erinnert. Darunter sind so unterschiedliche Rosen wie die 60-blättrige *Rosa damascena*, die auch als »Rose des Königs Midas« bezeichnet wird (Kapitel 3), und die fünfblättrigen Wildrosen, die in einigen Gegenden Chinas wachsen (Kapitel 1). Beide sind ebenso einzigartig wie die hundertblättrige *Rosa centifolia*, die Künstler des späten 17. und 18. Jahrhunderts in ihren Gemälden festhielten, darunter Rachel Ruysch und Pierre-Joseph Redouté (Kapitel 7 und 8). Und auch die Frage, mit welchen Rosen Kleopatra zur Blütezeit des Römischen Reichs ihren Geliebten Mark Anton umwarb, beschäftigt schon Generationen von Rosenliebhabern.

In der religiösen Symbolik steht der Rosengarten für das Paradies. Rosenwasser und -öl finden schon seit Jahrhunderten in Volksheilkunde und Medizin Verwendung und ganze Industrien sind zu ihrer Herstellung entstanden. Rosen dienten sogar als Zahlungsmittel. Von China aus gelangte die Rose über Asien und Persien ins alte Ägypten und bis nach Europa, sie verbreitete sich über Handelsrouten auf der ganzen Welt. Und auch die Macht des Rosendufts ist unbestritten. Lassen Sie sich von den Geschichten über Rosen, ihrer Symbolik und der Freude, die sie uns bringen, begeistern!

Eine Rose ist eine Rose
ist eine Rose.

GERTRUDE STEIN, *Sacred Emily* (1913)

Rosa damascena subalba

1

DIE FAMILIE DER ROSENGEWÄCHSE

In Gertrude Steins Gedicht »Sacred Emily« (Heilige Emily) findet sich der berühmte Satz: »Eine Rose ist eine Rose ist eine Rose.« Die Dichterin verweist damit metaphorisch darauf, dass etwas »ist, was es ist«, und bringt zum Ausdruck, dass schon die Erwähnung eines Namens Bilder und Gefühle wachruft, die mit dem jeweiligen Namen verbunden sind. Wer sich allein an diese Aussage hält, dem entgeht jedoch die individuelle Schönheit der einzelnen Rose. Denn was die Beschäftigung mit Rosen so reizvoll macht, sind vor allem ihre ganz unterschiedlichen Eigenschaften: ihre Düfte und Farben sowie die Wuchs- und Blütenformen der verschiedenen Rosenarten. Faszinierend ist auch, wie sich Rosen im Lauf der Zeit entwickelt und verändert haben.

ROSEN UND IHRE BOTANISCHEN NAMEN

Rosen gehören zur Familie der *Rosaceae* (den Rosengewächsen, einer Familie der Blütenpflanzen). Sie umfasst je nach Quelle zwischen 3500 und 4800 Arten aus 100 bis 160 Gattungen. Neben Rosen zählen auch Sträucher, Bäume und krautige Pflanzen zu dieser Pflanzenfamilie. Wegen ihrer ähnlichen Blüten werden sie alle in derselben Pflanzenfamilie zusammengefasst.

Die wissenschaftliche Einteilung der Pflanzen folgt einer botanischen Nomenklatur, deren Schöpfer der Naturforscher Carl von Linné (1707–1778) war. Die Wurzeln dieser Systematik reichen jedoch bis zu antiken Gelehrten wie Theophrast und Plinius dem Älteren zurück. Heute verwenden Gärtner und Botaniker dieses System, um Pflanzen zu bestimmen. Eine Rose ist eben nicht nur »eine Rose«. So verrät uns z. B. der Name *Rosa* × *damascena* 'Autumn Damask', dass die entsprechende Rose eine Damaszener-Rose ist, die rosafarben sowie relativ hochwachsend ist und herrlich duftet. Dem Zusatz 'Autumn Damask' (»Herbst-Damaszener«) lässt sich entnehmen, dass es sich um eine besondere Damaszener-Rose handelt, die nicht nur im Frühsommer, sondern auch im Herbst blüht. Ihr Name vermittelt uns also eine recht genaue Vorstellung davon, wie die Pflanze aussieht und duftet – weit mehr, als es die Beschreibung »rosafarbene Rose« täte.

Früher war ich häufig bei einer beliebten New Yorker Radio-Talkshow zu Gast, bei der sich Menschen aus dem ganzen Land mit Fragen zum Thema »Rosen« meldeten. Unter den Anrufern war in jeder Sendung mindestens einer, der sich erkundigte, worunter seine »ro-

safarbene Rose« litte. Ich fragte dann zunächst immer: »Können Sie mir mehr über Ihre Rose verraten, außer dass sie rosa ist?« Hieß es hingegen, bei der betreffenden Pflanze handle es sich um eine 'Queen-Elizabeth'-Rose, konnte ich anhand des Rosennamens sofort weiterhelfen. Während eine »rosafarbene Rose« verschiedenen Rosenklassen angehören kann, ist eine 'Queen-Elizabeth'-Rose eine hoch und aufrecht wachsende *Grandiflora*-Rose, die Büschel rosafarbener, schwach duftender Blüten hervorbringt. Der Name verriet mir also nicht nur die genaue Farbe ihrer Blüten, sondern auch etwas über ihre Wuchsform und ob sie krankheitsanfällig oder in der jeweiligen Region winterhart war, was es mir ermöglichte, auch detaillierte Fragen des Anrufers zu beantworten.

Rose 'Queen Elizabeth'

DIE FAMILIE DER *ROSACEAE*

Zu den Pflanzengruppen innerhalb der Familie der Rosengewächse gehören unter anderem:

Sorbus Mehlbeeren, auch als Elsbeeren, Ebereschen oder Vogelbeeren bekannt. Zu ihnen gehört ebenfalls der Speierling.

Crataegus Weißdorne, die unter anderem auch Hagedorn, Heckendorn oder Weißheckdorn genannt werden.

Rubus Viele Vertreter dieser Gattung werden als »Beeren« bezeichnet, darunter Brombeere, Boysenbeere, Loganbeere, Himbeere und Taybeere.

Prunus Bekannte Vertreter dieser Gattung sind Mandel, Aprikose, Kirsche, Pfirsich und Pflaume.

Fragaria Erdbeeren

Malus Pflanzengattung der Äpfel bzw. Apfelbäume

Wildrosen

So bezeichnet man die Jahrmillionen alten Naturformen der Rosen. Charakteristisch sind ihre flachen Blüten mit nur fünf Blütenblättern. Man spricht hierbei von einer einfachen bzw. ungefüllten Blüte. Eine Ausnahme ist die *Rosa sericea pteracantha*, die vier Blütenblätter aufweist.

Die fünfblättrige Blüte ist ein gemeinsames Merkmal von Rosen, weshalb sie alle zur selben Pflanzenfamilie, den *Rosaceae* (siehe S. 13), gezählt werden. Eine weitere, bislang noch nicht vorgestellte Untergruppe der *Rosaceae* ist die Gattung *Rosa*, der das Hauptaugenmerk dieses Buches gilt.

Diese Gattung ist wiederum in vier Untergruppen (Untergattungen) gegliedert, deren Vertreter jeweils bestimmte Merkmale aufweisen.

Hesperrhodos

Aus dem Griechischen für »Rose des Westens«. Die Gattung umfasst zwei Arten aus dem südwestlichen Nordamerika: *Rosa minutifolia* und *Rosa stellata.*

Hulthemia

Rosa persica und *Rosa berberifolia* sind in Persien heimische, stachelbewehrte Pflanzen, die nur spärlich blühen. Diese robusten Wildrosen gedeihen unter wüstenähnlichen Bedingungen im Iran und in Afghanistan. Einzigartig macht sie das auffallende »Auge« in ihrer Blü-

Hesperrhodos: Sacramento-Rose (*Rosa stellata*)

Hulthemia: persische Rose (*Rosa persica*)

Platyrhodon: Kastanien-Rose
(*Rosa roxburghii* f. *normalis*)

tenmitte, das sie von anderen Rosenblüten unterscheidet.

Platyrhodon

Die Bezeichnung dieser Untergattung stammt aus dem Griechischen und bedeutet »schuppige Rose«. Sie umfasst nur eine einzige Art aus Ostasien, *Rosa roxburghii* f. *normalis.*

Rosa

Diese Untergattung enthält alle übrigen Rosen. Man unterteilt sie in die folgenden elf Sektionen.

In China heimisch

1. ***Banksianae***: Zentral- und Westchina
2. ***Bracteatae***: auch in Indien, Japan, Taiwan und im Himalaja
3. ***Chinensis***: im Südwesten Chinas in den Provinzen Guizhou, Hubei und Sichuan sowie in Indien und Myanmar (Birma)
4. ***Laevigatae***: auch in Taiwan sowie südlich von Laos und Vietnam

In Europa heimisch

5. ***Caninae***: auch in Nordwestafrika und Vorderasien
6. ***Gallicanae***: auch im westlichen Asien
7. ***Pimpinellifoliae*** (Bibernell-Rose): auch in Nordwestafrika und Asien

Heimisch in Nordamerika

8. ***Carolinae*** (Carolina-Rose): im östlichen Nordamerika
9. ***Gymnocarpae*** (*Rosa gymnocarpa*): im westlichen Nordamerika und in Asien

Heimisch in allen Regionen der Nordhalbkugel

10. ***Synstylae*** (*Rosa multiflora*): in Ostasien, China und Japan
11. ***Cinnamomeae***: ausgenommen Nordafrika. Zu dieser Untergattung zählen *Rosa rugosa*, *Rosa arkansana*, *Rosa blanda*, *Rosa pendulina*, *Rosa oxyodon*, *Rosa laxa* und *Rosa majalis.*

Die Hauptgruppen der Rosen

Die Gattung *Rosa* umfasst drei Hauptgruppen: Wild-, Alte und moderne Rosen. Für Rosenliebhaber war das Jahr 1867 eine Epochenwende: Damals entdeckte und verbreitete der französische Rosenzüchter Jean-Baptiste Guillot (1827–1893) die Rosensorte 'La France', eine Kreuzung aus Tee- und Remontantrose. Sie gilt als die erste europäische Tee-Hybride.

Alle vor 1867 datierten Rosen betrachtet man als »Alte«, alle jüngeren als »moderne Rosen«. Da dieses Buch der 35 Millionen Jahre zurückreichenden Geschichte der Rosen gewidmet ist, handelt es sich bei den hier erwähnten Sorten meist um Wild- oder Alte Rosen. Die größte Sortenvielfalt ist in den letzten 150 Jahren entstanden, in denen die Rosenzucht eine wachsende Anzahl neuer Sorten hervorbrachte (zu diesen modernen Rosen siehe Kapitel 9). Heute werden anhand jeweils charakteristischer Blütenformen, die den jeweiligen Rosenarten gemein ist, 37 verschiedene Rosenklassen definiert.

'La France'

Rosa centifolia

Klassen Alter Rosen

- Alba-Rosen
- Ayrshire-Rosen
- Bourbon-Rosen und kletternde Bourbon-Rosen
- Boursault-Rosen
- Zentifolien
- China-Rosen und kletternde China-Rosen
- Damaszener-Rosen
- Bracteata-Hybriden
- China-Hybriden und kletternde China-Hybriden
- Eglanteria-Hybriden (Rubiginosa-Hybriden)
- Foetida-Hybriden
- Gallica-Hybriden
- Gigantea-Hybriden
- Multiflora-Hybriden
- Remontant-Hybriden und kletternde Remontant-Hybriden
- Sempervirens-Hybriden
- Setigera-Hybriden
- Spinosissima-Hybriden
- Stellata-Hybriden
- sonstige Alte Gartenrosen
- Moosrosen
- Noisette-Rosen
- Portland-Rosen
- Teerosen und kletternde Teerosen

Klassen moderner Rosen

- Floribunda-Rosen und kletternde Floribunda-Rosen
- Grandiflora-Rosen und kletternde Grandiflora-Rosen
- Kordesii-Hybriden
- Moyesii-Hybriden
- Moschata-Hybriden
- Rugosa-Hybriden
- Wichurana-Hybriden
- Tee-Hybriden und kletternde Tee-Hybriden
- Kletterrosen
- Miniatur-Rosen und kletternde Miniatur-Rosen
- Zwerg-Rosen
- Polyantha-Rosen und kletternde Polyantha-Rosen
- Kleinstrauchrosen

Kletterrose 'New Dawn'

STACHELN UND HAGEBUTTEN

Die Früchte der Rosen, sie enthalten auch die Samen, werden als Hagebutten bezeichnet. Sie sind reich an Vitamin C und finden in Küche und Volksheilkunde Verwendung. Die weit geöffneten Blüten der Wildrosen locken Bienen und andere bestäubende Insekten an und bringen daher mehr Hagebutten hervor als die engeren, gefüllten Blüten von Zuchtrosen. Es gibt ebenso viele Hagebutten, wie es Rosen gibt. Beispiele sind Kartoffel-Rose (*Rosa rugosa*) und Mandarin-Rose (*Rosa moyesii*).

In den Wintermonaten sind die Hagebutten bunte Farbtupfer in der Landschaft und liefern Nahrung für Vögel und Kleinsäuger. Wenn man genau hinsieht oder den Stiel einer Rose berührt, bemerkt man scharfe Fortsätze. Hierbei handelt es sich botanisch gesehen nicht um Dornen, sondern um Stacheln – Ausstülpungen der äußeren Gewebeschicht des Stiels, die dem Schutz der Pflanze dienen. Die Hakenform der Stacheln unterstützt die Pflanze beim Klettern.

Hagebutten einer Kartoffel-Rose

Rosenklassen

Werfen wir einen genaueren Blick auf einige der wichtigsten Rosenklassen, die man heutzutage in Gartencentern und Rosengärtnereien findet.

Botanische Rosen/Wildrosen

Hierbei handelt es sich um Rosen, die uns die Natur geschenkt hat: die wilden, natürlich vorkommenden Rosen dieser Welt. Sie blühen einmal im Jahr (sie werden als »einmalblühend« bezeichnet) und haben meist einzeln stehende Blüten. Man unterscheidet 100 bis 150, je nach Quelle sogar bis zu 300 Arten. Alle diese Rosen kommen nur in den gemäßigten Zonen der Nordhalbkugel vor, und viele sind für ihre attraktiven Hagebutten bekannt.

Rosa gallica 'Officinalis'

Alte Rosen, Alte Gartenrosen, Historische Rosen (vor 1867)

Gallica-Hybriden

Rosa gallica ist eine in Süd- und Mitteleuropa beheimatete Rosenart, die schon seit Jahrtausenden bekannt ist. Die älteste benannte Sorte dieser Pflanzenart ist die Apotheker-Rose *Rosa gallica* 'Officinalis', der man einst heilende Eigenschaften zuschrieb. Ebenso wie andere *Rosa-gallica*-Abkömmlinge hat sie viele Blütenblätter, manchmal bis zu einhundert pro Blüte! Andere *Gallica*-Rosen dieser Klasse sind Hybriden der Art und haben meist attraktive, stark duftende Blüten, oft in satten Farben.

Damaszener-Rose 'Oeillet Parfait'

Alba-Rose 'Great Maiden's Blush'

Damaszener-Rosen

Die ursprüngliche Damaszener-Rose soll eine Kreuzung zwischen *Rosa gallica* und einer anderen Rosenart gewesen sein. Diese Frage ist allerdings unter Experten immer noch umstritten. Damaszener-Rosen haben weniger Blütenblätter als *Gallica*-Rosen, jedoch deutlich mehr als ältere Arten. Bis auf die Herbst-Damaszener-Rosen (siehe S. 65 und 90) sind sie einmalblühend. Die vor allem wegen ihres intensiven Dufts beliebten Damaszener-Rosen sind eine wichtige Zutat für die Herstellung von Rosenöl, das unter anderem als Grundstoff für Parfüms dient.

***Alba*-Rosen**

Zwar leitet sich die Bezeichnung *Alba* vom lateinischen Wort für »weiß« ab, doch neben weißen gibt es auch Sorten mit pastell-rosafarbenen Blüten. *Alba*-Rosen gelten als Kreuzung zwischen Hunds- (*Rosa canina*) und Damaszener-Rose (*Rosa damascena*). Sie zeigen eine größere Vielfalt an Blütenformen und haben einen zarteren Duft als Damaszener-Rosen. Ein weiteres Merkmal dieser Rosenklasse ist das grau- oder blaugrün schimmernde Laub, das sich von den helleren Grüntönen älterer Arten unterscheidet. Da sie bis zu 1,8 Meter hoch werden können, sind diese einmalblühenden Rosen auch als »Baumrosen« bekannt.

Zentifolien

Ein Merkmal von Zentifolien bezeichnet der aus dem Lateinischen stammende Namensbestandteil *Zenti-*, der »hundert« bedeutet und auf die rund 100 Blütenblätter der Zentifolien-Blüten verweist. Diese unterscheiden sich deutlich von denen anderer Rosenklassen und sind in der Regel ausgeprägt schalenförmig bzw. rundlich. Die wegen ihrer Blütenform auch »Kohlrosen« genannten Zentifolien sollen die erste gezüchtete Rosenklasse gewesen sein. Dies geschah bereits im 17. Jahrhundert, was möglicherweise der Grund dafür ist, dass Zentifolien im Handel seltener zu finden sind als andere Rosenklassen.

Moosrosen

Diese Rosen sind aus Sports (Mutationen) von Zentifolien entstanden (siehe S. 23) und ihre Blüten ähneln denen ihrer Vorläuferinnen. Anhand der Blütenform sind sie daher bisweilen nur schwer zu bestimmen. Der augenfälligste Unterschied sind die »moosartigen« Drüsen an den Knospen, die ein öliges Duftsekret produzieren. Mit seinen Zitrus-, Anis- und erdigen Noten ergänzt es den Rosenduft der Blüten – zwei verschiedene Düfte von einer Pflanze!

Zentifolie 'Dometil Beccard'

Moosrose 'Comtesse de Murinais'

China-Hybriden

China-Rosen, ihr Name verrät uns bereits ihre Herkunft, wurden aus der Art *Rosa chinensis* gezüchtet. Sie gehören weltweit zu den blühfreudigsten Rosen und auf sie soll es zurückgehen, dass die meisten modernen Rosen remontieren, also wiederholt blühen. Durch die Kreuzung von China-Rosen mit europäischen Arten entstanden zahlreiche neue Blütenformen und -farben. China-Rosen zeigen verschiedene Schattierungen von Weiß bis Rosa, bereicherten die Rosenwelt auch um gelbe und pastellfarbene Töne, um Dunkel- bis Karminrot sowie um Violett. Jede als China-Hybride bezeichnete Rose ist die Kreuzung zwischen einer China-Rose und anderen Rosenklassen (siehe S. 17).

Portland-Rosen

Rosen tragen die genetischen Eigenschaften all ihrer Vorfahren in sich, was die Anzahl der Hybridkreuzungen in der Rosenwelt zunehmend anwachsen lässt. Und weil sie so viele vererbbare Merkmale teilen, lassen sich einige Rosenklassen nur schwer von anderen unterscheiden. So stammt z. B. bei Portland-Rosen ihre Fähigkeit zu remontieren von China-Rosen. Zudem zeigen sie einige Blütenformen, die den *Gallica*- und den Damaszener-Rosen gleichen, aus denen sie entstanden sind. Ein einzigartiges Charakteristikum von Portland-Rosen ist jedoch, dass ihre Blüten wie bei einem kleinen Blumenstrauß dicht über den oberen Laubblättern sitzen.

China-Hybride 'Archduke Charles'

Portland-Rose 'Comte de Chambord'

SPORTS

Wenn man bei Pflanzen von »Sport« spricht, geht es nicht etwa um Fußball oder Basketball. In der Welt der Botanik sind damit Sprosse gemeint, die sich von der Mutterpflanze unterscheiden. Ursache hierfür sind Mutationen, also eine Veränderung des Erbguts. Hier einige Beispiele:

- **veränderte Wuchsform**, etwa wenn eine strauchförmige Pflanze einen verlängerten, kletternden Trieb ausbildet
- **wiederholte Blüte** bei einer eigentlich nur einmalblühenden Pflanze
- Auftreten **andersfarbiger Triebe oder Blüten**, z. B. rosa statt weiß
- **Drüsen an den Knospen** wie beispielsweise bei Moosrosen, die von einer genetischen Mutation der ihnen ansonsten ähnlichen Zentifolien herrühren

Bourbon-Rosen

Als Abkömmlinge der China- und Damaszener-Rosen weisen Bourbon-Rosen Eigenschaften beider Rosenklassen auf. Den aus China stammenden Vorfahren verdanken sie ihr breites Farbspektrum, die zarten Blüten und ihre Remontierfähigkeit. Von den Damaszener-Rosen haben sie einige Merkmale ihrer Blütenform sowie ihren intensiven Duft geerbt. Bourbon-Rosen sind in Rosengärtnereien leicht erhältlich und eignen sich hervorragend für Duftgärten.

Bourbon-Rose 'Louise Odier'

Noisette-Rose 'Alister Stella Gray'

Remontant-Hybride 'Paul Neyron'

Noisette-Rosen

Sie gehören zu den fleißigsten Blühern im Rosengarten und bevorzugen ein eher mildes Klima, da sie nicht sehr winterhart sind. Die für ihre Blühfreudigkeit verantwortlichen Gene verdanken sie ihrer chinesischen Abstammung, den herrlichen Duft und die büschelweise angeordneten Blüten den Moschus-Rosen (*Rosa moschata*). Noisette-Rosen gehen auf das Jahr 1802 zurück. Damals zog der US-amerikanische Rosenzüchter John Champneys die ersten Sämlinge, die später der Bruder seines Nachbarn, der französische Gärtner Philippe Noisette, in Frankreich weiter selektierte.

Remontant-Hybriden

Diese Rosen kombinieren genetische Eigenschaften verschiedener an ihrer Entstehung beteiligter Rosenklassen. Hierdurch entstand eine neue Blütenform, die größer, gefüllter und betont zentrierter ist als bei älteren Klassen. Ihre üppige Blüte begeisterte Züchter und Käufer gleichermaßen, sodass mehr Kreuzungen entstanden als jemals zuvor.

Teerosen

Hierbei handelt es sich um wiederholt blühende Rosen, deren Duft an schwarzen Tee erinnert. Teerosen bevorzugen ein eher warmes Klima.

Moderne Rosen: entstanden ab 1867

Tee-Hybriden

Diese wohl sortenreichste Rosenklasse wird jedes Jahr um neue Varianten ergänzt. Hierbei handelt es sich um öfterblühende, gut verzweigende Strauchrosen mit aufrechtem oder buschigem Wuchs, stachelbewehrten Stielen und glänzenden oder matten, eher dunkelgrünen Blättern. Sie treiben pro Stiel eine große, gefüllte, teils duftende Blüte. Schon bald nach ihrer Entstehung waren diese Edelrosen sehr gefragt, was der noch jungen Floristikbranche zu einem großen Aufschwung verhalf. Die ursprünglich duftarmen Blüten wurden durch neue Züchtungen um duftende Sorten ergänzt.

Polyantha-Rosen

Typischerweise bilden *Polyantha*-Rosen kompakte Sträucher mit stacheligen Stielen und glänzend-grünen Blättern. In der Regel blühen sie wiederholt. Die einfachen bis gefüllten Blüten erscheinen vom späten Frühjahr bis zum Herbst in großen Büscheln.

Miniatur- und Zwerg-Rosen

Hierbei handelt es sich um kompakte, öfterblühende Strauchrosen mit sehr kurzen Stielen sowie kleinen Blüten und Blättern. Die Blüten stehen einzeln oder in kleinen Büscheln.

Tee-Hybride 'Francis Meilland'

Grandiflora-Rosen

Diese in den USA gezüchtete Rosenklasse entstand durch die Kreuzung von Tee-Hybriden und *Floribunda*-Rosen und vereint daher die Eigenschaften beider Klassen. Die remontierenden, gut verzweigenden Strauchrosen wachsen aufrecht bis buschig und besitzen glänzendes bzw. mattes, eher dunkelgrünes Laub an bestachelten Stielen. Die großen, meist gefüllten, oft duftenden Blüten stehen häufig einzeln, gelegentlich auch in Büscheln. Die erste *Grandiflora*-Rose war die 1954 eingeführte Rose 'Queen Elizabeth' (siehe S. 13).

Floribunda-Rose 'Poseidon'

Kleinstrauchrose 'Carefree Beauty'

Floribunda-Rosen

Die Klasse der *Floribunda*-Rosen entstand aus der Kreuzung einer Tee-Hybride mit einer *Polyantha*-Rose. *Floribunda*-Rosen sind reich blühende, gut verzweigende Strauchrosen von aufrechtem oder buschigem Wuchs mit meist gut bewehrten Trieben und glänzendem grünem Laub. Die einfachen bis gefüllten, teils duftenden Blüten wachsen in Büscheln von drei bis 25 Blüten.

Kleinstrauchrosen

Hierbei handelt es sich um eine vielgestaltige und sehr vielseitige Gruppe, deren Vertreter in der Regel größer sind als Tee-Hybriden. Die oftmals duftenden, einfachen bis gefüllten Blüten erscheinen in Büscheln und meist wiederholt vom späten Frühjahr bis zum Herbst. Durch Kreuzungen entstehen dabei oft neue (meist remontierende) Rosensorten wie beispielsweise die Englischen Rosen von David Austin.

Kletterrosen

Diese spreizklimmenden Rosen haben weit ausgreifende, steife Triebe, die typischerweise stachelbewehrt sind und glänzend grünes, oft dichtes Laub tragen. Viele haben duftende, unterschiedlich geformte Blüten, die einzeln oder in Büscheln erscheinen. Manche blühen im Frühling oder Frühsommer an kurzen Trieben am vorjährigen Holz, andere wiederholt am diesjährigen Holz wie z. B. die Sorte 'Nahéma' (siehe unten).

Moschata-Hybriden

Die Vorläufer dieser Rosen waren Büschel-Rosen (*Rosa multiflora*), von denen sie die Blütenfülle erbten, und Moschus-Rosen (*Rosa moschata*), die den markanten Moschusduft beisteuerten. *Moschata*-Hybriden sind kräftige, ausladende Sträucher, die anmutige Blüten in Büscheln tragen. Die intensiv duftenden Blüten erscheinen den ganzen Sommer über. Am effektvollsten sind diese Rosen, wenn sie sich ihrer natürlichen Form gemäß entwickeln dürfen.

Rugosa-Hybriden

Hierbei handelt es sich um wüchsige, winterharte Strauchrosen mit runzligen (lat. rugosus: faltig, runzelig) und meist hellgrünen Blättern. Da sie intensiv weitergezüchtet wurden, haben sie sich zu einer eigenen Klasse entwickelt. Die meisten tragen Büschel mit einfachen oder halbgefüllten, duftenden Blüten. *Rugosa*-Hybriden bilden attraktive, große, intensiv gefärbte Hagebutten.

Kletterrose 'Nahéma'

Rugosa-Hybride 'Agnes'

Komm, der Rosen-
garten ist erblüht!

AFLAKI: *Die Lehren des Rumi*

Rosa palustris Marshall (früher *Rosa hudsonian salifolicea*)

2

FRÜH-
GESCHICHTE
DER ROSEN

Rosen wecken Leidenschaften, sind in vielen Kulturen beliebte Symbole und haben eine lange Geschichte, die ihren Ruf als zähe und widerstandsfähige Gewächse prägte. Um zu verstehen, warum diese »altertümlichen« Pflanzen Jahrtausende überlebten, hilft es, einen Blick in die geologische Erdgeschichte zu werfen.

Denn Rosen gedeihen schon seit 35 Millionen Jahren auf unserem Planeten und haben dabei immensen Umwälzungen getrotzt. Angesichts zusammenstoßender Kontinente, sich auffaltender Gebirge und der Bildung polarer Eiskappen haben sie sich dabei als äußerst robuste Pflanzen erwiesen.

DER URSPRUNG DER ROSEN

Die Frühgeschichte der Rose gibt uns große Rätsel auf. Denn von den meisten Rosenarten sind keine Fossilien erhalten. Da ihre zarten, fragilen Blüten leicht zerfallen, versteinerten sie selten. Über Jahrmillionen hinweg gibt es daher zur Geschichte der Rose keine verlässlichen Befunde. Man vermutet jedoch, dass Rosen zuerst in Zentralasien erschienen, und 35 Millionen Jahre alte Abdrücke von Rosenblättern lassen Paläontologen vermuten, dass bereits zu dieser Zeit Rosen blühten.

Das Eozän (vor 56–33,9 Millionen Jahren)

Das Eozän ist nach Eos, der griechischen Göttin der Morgenröte, benannt. Ein Kennzeichen dieser Epoche ist das Auftreten neuer Gruppen von Organismen und die Entstehung neuer Arten. Der Superkontinent Pangäa war in zwei riesige, auseinanderdriftende Landmassen zerbrochen: den Nordkontinent Laurasia und den Südkontinent Gondwana. Warme äquatoriale Strömungen vermischten sich mit den kälteren antarktischen Gewässern, erwärmten die Erde und hielten die globalen Temperaturen auf einem hohen Niveau. Dann spaltete sich Australien vom Südkontinent ab, die warmen Strömungen wurden nach Norden geleitet und die Antarktis vereiste.

RECHTS Im Eozän war das Klima wesentlich wärmer und feuchter als heute, sodass auch in Regionen wie Grönland und Alaska eine üppige Vegetation gedeihen konnte.

Laurasia und Gondwana brachen weiter auseinander und es bildeten sich Kontinente, die in ihre heutigen Positionen drifteten. In Nordamerika falteten sich mächtige Gebirge auf, und in hoch gelegenen, flachen Becken bildeten sich ausgedehnte Seen. Obwohl sich die Landmassen verschoben, lassen Flora und Fauna dieser Gebiete darauf schließen, dass es immer noch eine Landverbindung gab. Als sich der indische Subkontinent nordwärts bewegte, kollidierte er mit Eurasien, wodurch sich der Himalaja auftürmte.

Die Umweltbedingungen im Eozän ließen in den heute schneebedeckten Polarregionen ausgedehnte Waldgebiete entstehen. Fossilfunde belegen, dass auf Ellesmere Island in der heutigen Arktis Sumpfzypressen und Mammutbäume wuchsen. Fossile Belege für subtropische und tropische Vegetation finden sich auch in Grönland und Alaska.

Dank des warm-feuchten Klimas waren sowohl in Nordamerika wie auch in Europa subtropische Wälder verbreitet. In all diesen Regionen bot das Klima auch Rosen günstige Wachstumsbedingungen. Schließlich gedeihen diese am besten auf feuchten (aber nicht nassen) Böden in einem gemäßigten bis subtropischen Klima. Trotzdem gibt es für Rosen in dieser Epoche keine konkret zuordenbaren Beweise. Die ersten bestimmbaren Rosenfossilien wurden erst in späteren geologischen Schichten des Oligozäns (siehe S. 34) entdeckt.

vor 56 Millionen Jahren

Untersuchung von Rosenfossilien aus dem Eozän

Der renommierte Paläobotaniker Herman F. Becker untersuchte die Verbreitung von Rosen anhand von Fossilien. Bei seinen Untersuchungen stellte er fest:

> *… in fossilen Floren mit Rosen sind Arten vertreten, von denen nur einzelne oder sehr wenige Blätter oder Blättchen vorliegen.*
>
> Bulletin des Torrey Botanical Club: *Fossile Befunde der Gattung* Rosa (1963)

Daraus ergibt sich, dass diese fossilen Arten unmöglich zu »irgendeiner lebenden Pflanze« in Beziehung gesetzt werden konnten, da keine wissenschaftliche Auswertungen möglich war. Becker kam zu dem Schluss, dass die Rosenfunde kaum voneinander abzugrenzen waren, da die Wuchsformen der Blätter je nach Standort und Klima variieren. So sind Blätter in niederschlagsreicheren Gebieten tendenziell größer als solche aus Gegenden mit wenig Regen. Dies ist Grund dafür, warum es so schwierig ist, fossile Funde bestimmten Arten zuzuordnen.

In den USA finden sich Rosenfossilien aus dem Eozän in Florissant, einem westlich von Colorado Springs gelegenen Dorf im Bundesstaat Colorado, sowie am Bridge Creek und Crooked River in Oregon. Die an diesen beiden Fundstellen entdeckten fossilen Rosen erhielten die Namen *Rosa hilliae, Rosa wilmattae, Rosa scudderi* und *Rosa ruskiniana.* Heutige Rosen, denen sie am meisten ähneln, sind *Rosa nutkana* und *Rosa palustris.* Obwohl diese vier verschiedenen fossilen Arten bestimmt wurden, ist nicht auszuschließen, dass die Funde möglicherweise nur von einer einzigen Art stammen. Für eine letztgültige Bestimmung fehlten personelle und finanzielle Mittel. Wichtige technische Hilfsmittel, die bei der Bestimmung helfen könnten, sind zudem erst seit wenigen Jahren verfügbar. Dass sich diese Fossilien jedoch 35 Millionen Jahre zurückdatieren lassen, unterstreicht das erstaunliche Alter der Rosen.

LINKS *Rosa palustris* Marshall, auch als »Sumpfrose« bekannt, ist eine stark duftende Rosenart, die feuchte Böden wie Sümpfe, Marschland und Bachufer bevorzugt. Die Fähigkeit, in diesem Milieu zu überleben, macht sie zu einer Ausnahme unter den Rosen.

VERSTEINERTE ROSEN

Pflanzenfossilien entstehen, wenn Pflanzen in einer wasserhaltigen Umgebung absterben und unter Schlamm und Schlick begraben werden. Das weiche Gewebe zersetzt sich rasch; übrig bleiben Zweige und härteres Pflanzenmaterial. Darauf lagern sich wiederum Sedimente ab und erhärten zu Gestein.

Viele Pflanzen – wie auch Rosen – lassen sich am zuverlässigsten anhand der Blüten bestimmen. Da Blüten jedoch oft aus weichem Gewebe bestehen, zerfallen sie meist, bevor sie zu Fossilien werden können. Rosenfossilien sind daher oft schwer zu identifizieren. Zudem sind sie sehr selten. So gibt es weitaus weniger Fossilien von Rosen als von anderen Pflanzen. Dies könnte darauf hindeuten, dass Rosen eher an trockeneren Standorten wuchsen.

LINKS Blattfossilien von *Rosa lignitum* aus der chinesischen Provinz Yunnan belegen ihr Vorkommen in den mäßig feuchten Mischwäldern des Oligozäns und des Miozäns. Fossilienfunde geben einen Einblick in die einstige Artenvielfalt dieser Gegend, deren Topografie eine Vielzahl verschiedenster Pflanzen begünstigte.

Das Oligozän (vor 33,9–23 Millionen Jahren)

Das Oligozän markiert den tiefgreifenden Wandel vom tropischen Eozän zum kühleren Miozän (vor 23,03–5,333 Millionen Jahren). Infolge einer weltweiten Klimaabkühlung dehnten sich zu Beginn dieser Epoche die offenen Graslandschaften aus und drängten die Waldflächen in äquatornahe Gebiete zurück. Mit dem Klimawandel ging auch ein Artensterben einher, das als *Grande Coupure* (frz. »großer Einschnitt«) bezeichnet wird. Viele Tier- und Pflanzenarten des Eozäns starben in dieser Zeit in Europa aus und wurden durch eine Mischfauna mit asiatischen Einflüssen abgelöst. In Westeuropa tauchten dadurch viele neue Tierarten auf, darunter Paarhufer (*Artiodactyla*) und Unpaarhufer (*Perissodactyla*) aus östlichen Regionen.

Der oligozäne Klimawandel

Mit den sinkenden Temperaturen im Oligozän stieg auch das weltweite Eisvolumen an, während gleichzeitig der Meeresspiegel um 55 Meter absank. Die Kontinente nahmen damals ihre heutige Position ein. Die spätere Antarktis entfernte sich weiter vom Äquator und wurde von Eis bedeckt. Im heutigen Nordamerika bildeten sich die westlichen Gebirgszüge weiter aus, während in Europa durch das Aufeinandertreffen von afrikanischer und eurasischer Kontinentalplatte die Alpen entstanden.

Die Blütenpflanzen (*Angiospermen*) breiteten sich weltweit weiter aus und die tropischen und subtropischen Wälder wichen gemäßigten Laubwäldern. Auf den Landmassen bildeten sich vermehrt Ebenen und Wüsten. Auf diesen offenen Flächen siedelten sich Gräser an. In Nordamerika herrschten vor allem subtropische Arten vor, aber auch Bäume der gemäßigten Zonen wie Buchen und Kiefern waren dort verbreitet. Diese Veränderungen ließen neue Ökosysteme entstehen, die im kühleren Klima des Miozäns weiter gedeihen konnten.

UNTEN Im kühleren Klima des Miozäns entwickelte sich eine Pflanzen- und Tierwelt, die an trockenere, offenere Umgebungen angepasst war.

CHINESISCHE ARTENVIELFALT

SÜDWESTCHINA IST ein »Hotspot der Biodiversität«. So stammen viele beliebte Gartenpflanzen – wie z. B. Azaleen, Kamelien, Lilien und Rosen – von dort heimischen Wildpflanzen ab. Auch heute noch entstehen in China zahlreiche neue Rosenarten. Derzeit wachsen hier etwa 160 Arten, die von gemäßigten und subtropischen Gebieten bis in sehr kalten Regionen verbreitet sind. Darunter sind etwa 95 Arten in China heimisch und 65 davon endemisch, kommen also nur dort vor.

Pflanzenexperten bezeichnen Südwestchina treffend als »Mutter der (Rosen-) Gärten«. Unter all den aus diesem Teil Asiens stammenden Gartenpflanzen sticht vor allem die Rose mit ihren auffallenden Blüten und ihrem herrlichen Duft hervor. Zu den dort in der Natur vorkommenden Wildrosenarten zählen *Rosa chinensis*, *Rosa gigantea*, *Rosa moschata*, *Rosa multiflora* und *Rosa lucieae* (»Wichura-Rose«). Gemeinsam mit den europäischen Arten *Rosa gallica* und *Rosa foetida* aus dem Kaukasus sind sie die wichtigsten Stammsorten der Rosenzucht.

Fossilfunde in China

In der südwestchinesischen Provinz Yunnan wurden fossile Rosen mit gut erhaltenen Blättern in Ablagerungen aus dem Spätmiozän gefunden. Wie bereits erwähnt, sind versteinerte Rosen schwer zu identifizieren, weil die rasch zerfallenden Blüten der meisten Arten selten als Fossil erhalten bleiben. Außerdem sind Rosen zumindest in der mo-

LINKS *Rosa foetida.* Das Wort *foetida* bedeutet »übel riechend« oder »stinkend«. Auch wenn einige ihren Duft als unangenehm empfinden, hat die Gelbe Rose eine große Bedeutung für die historische Rosenzucht.

dernen Vegetation keine Pflanzen, die in subtropischen Regionen verbreitet sind. Sie wachsen meist auf Waldlichtungen oder am Waldrand. Was vermutlich auch auf *Rosa fortuita* zutrifft, eine Rosenart, die 2015 in einem Fossilfund mit gut erhaltenen Blättern entdeckt wurde. Dieser Fund beweist, dass Rosen in Südwestchina spätestens seit dem späten Miozän existierten und möglicherweise dieselbe ökologische Nische besetzten wie heutige Arten.

Die Rosenfossilien von Dashidong

Dass unter den mehr als 2000 bei Dashidong in der Provinz Yunnan entdeckten Fossilien gerade einmal drei Exemplare mit Rosen gefunden wurden, verdeutlicht erneut, welche Seltenheit fossilierte Rosen haben. Die Funde von Dashidong lassen vermuten, dass die Rosen – ebenso wie *Rosa fortuita* – in gemäßigten bis subtropischen Wäldern wuchsen. Auch die heute in der Provinz Yunnan verbreiteten Rosenarten stützen diese Theorie. Die verschiedenen dort vorherrschenden Höhenlagen von 1800 bis 3400 Meter umfassen subtropische bis gemäßigte Klimazonen. Die allgemeinen Klimaanforderungen der Rosen in Südwestchina scheinen also seit dem Miozän gleich geblieben zu sein. Dies würde die Vielfalt des dortigen Genmaterials erklären und eine Begründung dafür liefern, dass China als der Hauptursprungsort von Rosen gilt.

RECHTS Im US-Bundesstaat Colorado wurden versteinerte Blätter von *Rosa hilliae* Lesquereux aus dem Oligozän gefunden.

Klimatische und geologische Einflüsse

Die Klimaansprüche von *Rosa fortuita* gleichen denen von *Rosa lignitum*, einer Rosenart, die durch mitteleuropäische Fossilien aus dem Oligozän und dem Miozän belegt ist. Im Zuge der dramatischen Klimaveränderungen seit dem Pliozän (vor 5,33–2,58 Millionen Jahren) starben in Europa viele Pflanzenarten aus oder wurden auf kleine Verbreitungsgebiete zurückgedrängt. In Südwestchina hingegen haben vermutlich viele Pflanzen dem Klimawandel getrotzt, weil ganze Pflanzengesellschaften dort dank der vielgestaltigen Geländeformen in benachbarte Gebiete mit geeigneten Umweltbedingungen ausweichen konnten.

Die Entstehung der heutigen Rosenvielfalt in China hängt eng mit der Hebung der Qinghai-Tibet-Hochebene nördlich des Himalaja zusammen. Der genaue Ablauf und der Zeitpunkt dieser Landverschiebung sind nicht bekannt. Diese geologischen Vorgänge haben jedoch die landschaftliche Struktur und das Monsunklima der Region stark geprägt und so zur heutigen Artenvielfalt dort beigetragen.

In Südwestchina gibt es mehrere stark zerklüftete Gebirge, die durch die Kollision Indiens mit dem eurasischen Kontinent entstanden und komplexe Landschaftsstrukturen mit entsprechend abwechslungsreichen Kleinklimaten schufen. Diese vielfältigen Lebensräume trugen zum Überleben einer vielgestaltigen Rosenpopulation bei. So verteilen sich z. B. heute im Meili-Schneegebirge in der Provinz Yunnan sieben Rosenarten auf 4800 Höhenmeter.

Klimatische Bedingungen und Artenvielfalt der Rosen

Neuere molekulargenetische Untersuchungen belegen, dass die vielgestaltige Landschaft und das Klima Südwestchinas die Artenbildung verschiedener Pflanzengruppen, darunter auch die von Rosen, positiv beeinflussten. Die große Bandbreite klimatischer Bedingungen in diesem Gebiet hängt mit der Hebung der Qinghai-Tibet-Hochebene seit dem späten Miozän zusammen. In Südwestchina waren hierdurch die speziellen Klimaanforderungen von Rosen über Jahrmillionen gewährleistet. Es ist ein faszinierender Gedanke, dass Rosen trotz – oder vielleicht gerade wegen – der geologischen und klimatischen Veränderungen schon seit Jahrmillionen überlebt haben.

Bis zu den Ursprüngen antiker Kulturen verlief die Geschichte der Rosen im Verborgenen. Schließlich gab es niemanden, der sie für die Nachwelt festhielt. Doch dann rückte in der Antike die Rose ins Blickfeld des Interesses und es zeigte sich, welch hohen Stellenwert sie in den jeweiligen Kulturen einnahm.

UNTEN Vergleiche zeigen, dass die Fossilien von *Rosa fortuita* der hier abgebildeten *Rosa helenae* ähneln, einer heute in Südchina, Thailand und Vietnam beheimateten Art. Der lateinische Artbeiname *fortuita* bedeutet so viel wie »glücklich« und verweist darauf, dass das Fossil durch einen glücklichen Zufall entdeckt wurde.

ERSTE BERICHTE VON ROSEN IN ALTEN KULTUREN

BERICHTE ÜBER ROSEN finden sich ab 3000 v. Chr. in verschiedenen Kulturen. Die Bedeutung der Rose für die chinesische Kultur beschrieb z. B. der Philosoph Konfuzius (551–479 v. Chr.). In Chinas Geschichte hatte bis dahin die Zhou-Dynastie (1046–256 v. Chr.) am längsten regiert und Konfuzius schrieb, dass die Zhou-Herrscher Rosen sehr schätzten und sie in den kaiserlichen Gärten anpflanzten. Auch während der Han-Dynastie (202 v. Chr.–220 n. Chr.) war der Anbau von Rosen weitverbreitet. Erst sehr viel später, im 18. Jahrhundert, erreichte die China-Rose (*Rosa chinensis*) auch den westlichen Kulturraum und die modernen Rosen entstanden.

Die legendäre Rose Persiens

Die nordpersische Provinz Faristan gilt als Geburtsort der Kulturrose, die später über Mesopotamien bis nach Griechenland gelangte. Faristan war Zentrum der Herstellung von Rosenwasser und belieferte die ganze Welt. Auch der Kalif in Bagdad, der oberste muslimische Herrscher in weltlichen wie religiösen Belangen, erhielt aus dieser Region jährlich 30000 Flaschen Rosenwasser. Rosenblüten, -öl und -essenz wurden als Parfüm, in Nahrungsmitteln sowie für medizinische und religiöse Zwecke genutzt.

Mehr als 5000 Jahre lang waren China und Persien die einzigen Regionen, in denen duftende Rosensorten wuchsen. Die ungefüllte persische Rose, die in Qamsar in der Nähe von Kaschan wächst, besitzt einen so erlesenen Duft, dass sie ausschließlich wegen ihres Öls angebaut wird. Heute können Besucher hier die traditionelle Methode der Ölgewinnung aus Rosenblüten miterleben. Der Duft von Rosenwasser – *Golab* (*gol* = Blüte, *ab* = Wasser) – war so begehrt, dass der Name des Öls zum Synonym für die Rose wurde.

DIE URSPRÜNGE DES ROSENWASSERS

Die Gewinnung von Rosenwasser und Rosenöl aus den frischen Blättern der Rosenblüten mithilfe von Wasserdampfdestillation ist bereits seit Jahrhunderten verbreitet. Einige Historiker, die den Destillationsprozess erforscht haben, sind davon überzeugt, dass bereits die alten Indus-Kulturen im heutigen Indien und Pakistan im 4. Jahrtausend v. Chr. Blütenwasser in irdenen Töpfen destillierten: Archäologen haben Keramikgefäße gefunden, die möglicherweise bei dieser Destillation zum Einsatz kamen. Etwa zur selben Zeit destillierten vermutlich auch die Assyrer und Sumerer im Zweistromland Blütenwasser.

Auch mesopotamische Schrifttafeln und Krüge verraten uns, dass die Kunst der Parfümgewinnung dort schon 3500 v. Chr. bekannt war. Bei der Herstellung verwendete man kochendes Wasser, um die Rosendüfte und -aromen freizusetzen. Die Assyrer waren für dieses Extraktionsverfahren berühmt.

Die Verwendung von Rosenwasser in Schönheitsritualen ist auch für das 7. vorchristliche Jahrhundert belegt. Damals förderten die Perser den Anbau und die Nutzung der Rose in Indien.

Die Rose in der persischen Dichtkunst

In der persischen Lyrik ist die Rose ein beliebtes Motiv. Ein großer Rosenliebhaber war Omar Chayyām (Omar Khayyam), ein persischer Dichter und Philosoph des 11. Jahrhunderts, der berühmte Vierzeiler (»Rubāiyāt«) verfasste. Einem seiner Schüler erklärte er, sein Grab würde einst »an einem Ort sein, den der Nordwind mit Rosenblättern bedeckt«.

Die Dichtung verknüpft die Rose oft mit der Nachtigall, die ihr in Hingabe und Sehnsucht verbunden ist. So schildern etwa Legenden, wie die rote Rose zu ihrer Farbe kam: Ursprünglich waren alle Rosen weiß, bis die Nachtigall die Rose sah und sich unsterblich in sie verliebte. Bis dahin hatte sie wie alle übrigen Vögel gekrächzt und gezwitschert. Nun aber empfand sie so innige Liebe, dass sie zum ersten Mal sang. Sie schmiegte sich eng an die Blume und ihre Dornen durchbohrten ihr Herz, was der Rose auf ewig ihre rote Farbe verlieh.

Der zoroastrische Text *Bundehesh* aus dem 8. und 9. Jahrhundert hingegen berichtet, dass der Rose erst zu dem Zeitpunkt Dornen wuchsen, als das Böse in die Welt kam. Die Schönheit der Rosen symbolisiert dabei die Liebe zum Leben, die Dornen hingegen stehen für dessen Mühen und Beschwernisse.

Der persische Dichter Saadi wiederum nannte seine berühmte 1258 erschienene Sammlung moralischer und religiöser Gedichte *Golestan* (»Rosengarten«). Der Name verweist auf das Vergnügen und die Erkenntnis, die das Werk dem Leser bieten sollte.

Laut einer Überlieferung aus Persien und der Türkei entstanden die Rosen aus den Schweißtropfen Mohammeds. Diese Geschichte war in der wachsenden Beliebtheit der Blume begründet und verstärkte diese noch. Anderen Legenden zufolge löste die Rose die Lotusblume als Königin der Blumen ab. Im gesamten Nahen Osten war die Rose ein Symbol der Treue und immerwährenden Zuneigung, die sogar den Tod überdauert. In muslimischen Ländern galt die Rose zudem als so heilig, dass man glaubte, eine von Ungläubigen entweihte Moschee könne nur dann wieder rein werden, wenn man sie vollständig mit Rosenwasser reinigte.

Rosen erwähnte auch der indische Philosoph Vatsyayana Mallanaga, der zwischen dem 1. und 3. Jahrhundert n. Chr. das *Kamasutra* schrieb. Ihm gemäß gehörte es zu den Pflichten einer tugendhaften Ehefrau, einen Garten zu pflegen, in dem »die China-Rose und andere zusammen mit duftendem Kamelgras und der wohlriechenden Wurzel der Vetiver-Pflanze gepflanzt werden«.

LINKS Darstellung der Rose 'Omar Khayyam'. Ein Zitat des Dichters lautet: »Sei glücklich in diesem Moment. Dieser Moment ist dein Leben.«

ASIEN: ROSEN UND RELIGION

DIE INDISCHEN ÄRZTE Charaka und Sushruta, die beiden Begründer des Ayurveda, sollen im 1. Jahrhundert v. Chr. gelebt und auch über Rosen berichtet haben. So wird die Rose im auf Sanskrit verfassten medizinischen Werk *Charaka Samhita* in acht verschiedene Merkmale unterteilt. Eines dieser Merkmale ist *saumyagandha*, was so viel bedeutet wie »angenehm duftend«. Jede dieser Kategorien bezeichnet eine bestimmte Eigenschaft der Rose, von denen viele eine Heilwirkung besitzen.

In den ältesten religiösen und geistlichen Werken des antiken Indiens und Persiens – in verschiedenen Sanskrittexten und den Kommentaren zum Avesta, dem heiligen Buch des Zoroastrismus – wird die Rose symbolisch mit der Erschaffung der Welt und der Menschen in Verbindung gesetzt. So stritten einer hinduistischen Legende nach die Götter Brahma (der Schöpfer) und Vishnu (der Bewahrer des Lebens) darüber, welche die schönste Blume sei. Für Brahma war es der Lotus und für Vishnu die Rose. Nachdem Brahma jedoch Vishnus himmlische Laube voll duftender Rosen gesehen hatte, gestand er schließlich die Überlegenheit der Rose ein.

Im Hinduismus und Buddhismus steht die Blütenform der Rose für den Kelch des Lebens bzw. für das Zentrum eines Mandalas – geometrisch angeordnete Formen, die einen meditativen Zugang zum Nirwana versinnbildlichen. Auch der historische Buddha, Siddhartha Gautama, der im 6. Jahrhundert v. Chr. lebte, wird bisweilen mit Rosen in Verbindung gebracht. Zwar zeigen ihn z. B. die meisten Statuen der Gandhara-Schule (1.–2. Jahrhundert n. Chr.) auf einem Sockel aus Lotusblüten sitzend, einige wenige stellen ihn jedoch auf einer fünfblättrigen Rose dar. Im alten Indien symbolisierte die kosmische Rose, bekannt als *Tripura Sundari*, darüber hinaus die Schönheit, Stärke und Weisheit der Göttlichen Mutter.

Rosenlegenden in Indien

Die antike Geschichtsschreibung liefert verschiedene Belege für Rosen in Indien, die zudem zeigen, dass sie ein wichtiges Element in Gesellschaft, Medizin, Kultur und Religion des Landes waren. So wurde z. B. Shah Jahan, der berühmte Mogulherrscher Indiens, durch eine rote Rose symbolisiert. Das bedeutendste der von ihm errichteten Bauwerke ist das Taj Mahal im indischen Agra, dessen Wände zahlreiche Rosenmotive zieren.

Daneben gibt es in Indien viele auf Rosen bezogene Legenden. So soll der Gott Vishnu seine Braut Lakshmi aus 108 großen und 1008 kleinen Rosenblättern erschaffen haben, was die Rose zu einem Symbol der Schönheit machte. Die in einer weiteren Legende erwähnten Wildrosen tauchen auch in den medizinischen Schriften Charakas und Sushrutas auf. Die Begründer der indischen Ayurveda-Heilkunde wiesen verschiedenen Rosenarten spezifische medizinische Eigenschaften zu. Jede davon erhielt ihren eigenen Sanskritnamen, der auf die heilenden Eigenschaften bei bestimmten Beschwerden hinwies.

LINKS Dieser Rosenbusch im Taj Mahal ist beispielhaft für dessen herausragende Ornamentik, die Darstellungen von 46 verschiedenen Pflanzenarten umfasst.

Der Handel mit Rosen

Indien und China unterhielten bereits im 2. Jahrhundert v. Chr. Handelsbeziehungen. Diese verstärkten sich, nachdem der indische Mönch Kashyapa Matanga im 1. Jahrhundert n. Chr. den Buddhismus nach China brachte. Damals berichteten chinesische Indienreisende von Rosengirlanden, die buddhistische Kultstätten zierten. Der Handel zwischen China und den verschiedenen Herrschaftsgebieten Indiens bestand über die Jahrhunderte fort, wobei sich aus Rosen hergestellte Erzeugnisse großer Beliebtheit erfreuten. So berichtet die auf 1244 n. Chr. datierte Inschrift einer im indischen Motupalli gefundenen Steinsäule, dass König Ganapati aus der Kakatiya-Dynastie einige für China bestimmte Waren, darunter auch Rosenwasser, vom Zoll befreite. Und Rashid-ud-din, ein muslimischer Reisender und Chronist, vermerkte 1300 n. Chr. über den westindischen Staat Gujarat, die Menschen dort seien »sehr wohlhabend und glücklich und bauen nicht weniger als 70 Arten von Rosen an«.

Schriftliche Zeugnisse über Rosen sind auch aus Vijayanagar, einem Königreich in Südindien, überliefert, das vom 14. bis ins 16. Jahrhundert existierte. Viele Besucher dort berichteten, dass Rosen im Alltag des Adels und des gemeinen Volkes eine wichtige Rolle spielten. Abdur Razzaq Samarqandi etwa, ein muslimischer Diplomat aus Persien, besuchte den Königshof 1443 und schrieb: »Überall werden Rosen verkauft. Die Menschen können nicht ohne Rosen leben und sie halten sie für ebenso wichtig wie Nahrung.«

Um 1537 bereisten die beiden Portugiesen Domingo Paes und Fernaz Nunis Indien. Sie berichteten von Rosenplantagen, Basaren mit Körben voller Rosen, den von Rosen überquellenden Gärten des Adels sowie Männern und Frauen, die sich mit Rosen schmückten. Der König überschüttete nach dem Morgengebet seine Lieblingshöflinge mit weißen Rosen und alle seine Elefanten und Pferde waren mit Kränzen aus Rosen geschmückt. Die Reisenden beschrieben außerdem, dass die Säulen und Wände des königlichen Schlafgemachs »aus Elfenbein geschnitzte Rosen« schmückten.

Ab dem 16. Jahrhundert regierten in Indien die Mogulherrscher aus Persien und Afghanistan und auch sie verehrten die Rose. Schon Babur, der erste Großmogul, soll die Damaszener-Rose in Indien eingeführt haben. Die Herrscherdynastie entwickelte einen eigenen Gartenstil mit Wasserspielen, Brunnen und Kanälen. Einen Eindruck davon vermitteln die Shalimar-Gärten in Kaschmir, die Großmogul Jahangir für seine Gemahlin Nur Jahan anlegen ließ.

RECHTS Nur Jahan, deren Name »Licht der Welt« bedeutet, war die letzte Gemahlin des Großmoguls Jahangir. Ihrer Familie wird die Entdeckung des Rosenöls zugeschrieben (siehe S. 180).

Der britische Indienhandel

Im 17. Jahrhundert intensivierten zunächst Vertreter der Britischen Ostindien-Kompanie die Handelskontakte des Vereinigten Königreichs mit dem indischen Subkontinent. Ihre Schiffe, die chinesische Waren nach England transportierten, legten im Hafen von Kalkutta Versorgungsstopps ein. Dort handelten die Briten unter anderem mit Pflanzen, darunter auch Rosen. Nachdem Sir William Roxburgh 1793 den Botanischen Garten in Haora (Westbengalen) gegründet hatte, stammten sämtliche von den Briten importierten Pflanzenarten von dort. Neben China-, Noisette- und frühen Teerosen war darunter auch die Sorte 'Fortune's Double Yellow'.

Indische Rosenprodukte

Typische indische Handelsprodukte der damaligen Zeit sind bis heute aus Rosenblüten hergestellte Erzeugnisse, die Kosmetik sowie Heil- und Lebensmittel umfassen. Für die Herstellung dieser Produkte werden Tonnen von Rosenblüten getrocknet. Das so gewonnene *Pankhuri* (»Blütenblatt«) wird in den Nahen Osten exportiert und zur Herstellung von Getränken, Lebensmitteln und Medikamenten verwendet. Auch in zahlreichen traditionellen Arzneimitteln und Salben entfalten Rosen ihre kühlende Wirkung. Rosenaroma wiederum wurde seit alters her Lebensmitteln und Süßigkeiten zugesetzt und ist ein beliebter Duftstoff bei besonderen Anlässen wie Hochzeiten. Schon der alte Sanskrittext *Ark Prakash* erwähnt die Destillation von Rosenwasser, und um 200 n. Chr. beschrieb Nagarjuna, ein buddhistischer Mönch, Einzelheiten dieses Verfahrens.

Rosenöl – in Indien auch *Ruh gulab* genannt – wird in der indischen Küche in Form von Rosenessenz, Rosensirup, Rosensorbet, Rosenwein, Rosenlikör, Rosenhonig und Hagebuttenkonfitüre verwendet.

Neben Indien gehören heute Bulgarien, Marokko und Frankreich zu den Hauptproduzenten von Rosenöl. In Indien verwendet man zu seiner Herstellung vor allem Damaszener- und Bourbon-Rosen. Das Rosenöl wird durch Wasserdampfdestillation aus Rosenblüten gewonnen, die am frühen Morgen gepflückt werden. Neben Rosenwasser erhält man durch die Destillation mittels Wasserdampf auch eine geringe Menge an Rosenöl. Um 10 Gramm Rosenöl herzustellen, benötigt man 4 Tonnen Blütenblätter!

LINKS Die Rose 'Fortune's Double Yellow' kann bis zu 12 Meter hoch klettern. Sie wurde 1844 vom schottischen Botaniker Robert Fortune in China entdeckt. Der oft als kupferfarben beschriebene üppige Blütenflor ist in Wirklichkeit aprikosengelb mit einem Hauch Rosa oder Karminrot auf den äußeren Blütenblättern.

MEDITERRANE GENÜSSE

In der als Mesopotamien bekannten Kulturlandschaft an den Flüssen Euphrat und Tigris fanden Rosen über viele Jahrtausende hinweg ideale klimatische und geografische Bedingungen vor. Wahrscheinlich wurden sie dort bis in die Antike angepflanzt und wirtschaftlich genutzt. Vor allem auch weil archäologische Ausgrabungen belegen, dass Rosen bereits im 1. Jahrtausend v. Chr. auf der südgriechischen Halbinsel Peloponnes bekannt waren und als Rohstoffe dienten.

Auf mesopotamischen Keilschrifttafeln wurden Rosen beispielsweise bereits vor 5000 Jahren erwähnt und auch assyrische Tafeln berichten über Rosen und Rosenwasser. Aus der Türkei und den ostägäischen Inseln sind 24 heimische Rosenarten bekannt. Auf welche Rosenart sich die antiken Texte bezogen, lässt sich heute nicht eindeutig klären. Dennoch wissen wir, dass Rosen in der Region wegen ihres Dufts geschätzt wurden, was auf duftende Rosenarten wie Essig- oder Damaszener-Rosen aus Anatolien schließen lässt. Keilschrifttafeln beschreiben auch, wie Rosenblütenblätter zur Ölgewinnung ausgekocht wurden, und die geringen Mengen des so gewonnenen Öls verdeutlichen, wie kostbar es war.

Antike Lustgärten im Mittelmeerraum

Für die Kulturen des Mittelmeerraums typisch ist die Nutzung von Pflanzen und Blumen zu ornamentalen Zwecken.

Die ersten Lustgärten entstanden an der östlichen Mittelmeerküste, durch Handel und Kolonisation gelangte die Idee des Gartens in den Westen. Diese Gartenkultur entwickelte sich aus dem weitverbreiteten Anbau von Obst, Blumen und Kräutern, der mehr oder weniger stark auf sommerliche Bewässerung angewiesen war. Einfriedungsmauern boten den ersten Frucht- und Obstgärten Schutz. Man setzte die Bäume in Reihen und pflanzte in die Zwischenräume oft Blumen, um die wertvolle Bodenfläche effizienter auszunutzen. Die Blumen waren sowohl dekorativ als auch nützlich. Man pflanzte Arten wie Safran liefernden Krokus, essbaren Blaumohn oder Veilchen, Schwertlilien und Rosen aus Böotien (in Mittelgriechenland), der Kyrenaika (östliches Libyen) und anderen Gegenden, die zur Parfüm- und Salbenherstellung dienten.

ROSEN AUF KEILSCHRIFTTAFELN

Pflanzenlisten und medizinische Texte auf mesopotamischen Keilschrifttafeln liefern uns heute viele Informationen zu Pflanzen, die einst in dieser Region zu Heilzwecken angebaut wurden. Einige davon konnten identifiziert werden, doch die meisten lassen sich nur schwer bekannten Arten zuordnen.

Ein Beispiel ist das Wort *Kasu*, das auf 600 ausgegrabenen Tafeln 181 Mal vorkommt: Der Archäologe und Altorientalist Reginald Campbell Thompson (1876–1941) übersetzte das Wort mit »Rose«. Später fand man heraus, dass es sich um den Teufelszwirn, einen Aromazusatz bei der Bierherstellung, handelte. Thompson schloss sich dann der These an, der in medizinischen Texten erwähnte Begriff *Amurdinnu* könne sich auf eine »Brombeere« oder »Wildrose« bezogen haben.

Der Altorientalist Igor Michailowitsch Djakonow (1915–1999) präzisierte diese Vermutung, indem er auf mesopotamische Versionen des Gilgamesch-Epos verwies. Darin beschreibt das Wort *Amurdinnu* eine intensiv duftende, dornige Blume, was laut Djakonow nicht auf eine Brombeere hindeutet, sondern auf eine Wildrose.

ROSEN IM ALTEN ÄGYPTEN

Bis in die griechisch-römische Zeit wurden die Gräber ägyptischer Mumien mit Blumen geschmückt. Hierbei band man unter anderem Kränze aus Blüten verschiedener Pflanzen, die im Leben der alten Ägypter eine wichtige Rolle spielten, darunter auch Rosen. Detaillierte Beschreibungen von Rosen, ihrer Blütezeit und ihren Vermehrungsmethoden im alten Ägypten liefert der griechische Philosoph und Naturforscher Theophrast in seinen Werken.

Im gesellschaftlichen und religiösen Leben des alten Ägypten hatten Blumen eine große Bedeutung. So schmückten sie bei Festessen sowohl Tische als auch Gäste mit Blüten. Blumengirlanden zierten Weinkrüge, Blumensträuße wurden den Göttern zum Wohlgefallen dargebracht und Blumenkränze umhüllten die Hälse geopferter Gänse und Möwen.

Darüber hinaus schrieben die alten Ägypter der Rose eine heilende und aphrodisierende Wirkung zu. In ägyptischen Familien verwendete man Rosenblüten oft auch mit Öl aufgegossen als Schönheitsbalsam. Zusammen mit der Bedeutung von Rosen bei Bestattungsriten sowie als Grab- und Totenschmuck unterstreicht all dies den hohen Stellenwert von Rosen in der ägyptischen Kultur.

Für die Ägypter stand die Rose als Symbol für die Verbindung ins Jenseits. Sie sahen in ihr eine Metapher für die Geburt im Frühling und das Leben des Sommers. Das wichtigste Vermächtnis der Rose im alten Ägypten ist jedoch ihre Rolle als Symbol der Liebe – diese hat bis heute überdauert.

ANTIKE BESTATTUNGSRITUALE

Die ältesten Nachweise für heute noch existierende Rosen sind Bestattungskränze im alten Ägypten, die unter Staub und Sand begraben auf die Zeit um 170 n. Chr. datiert werden. Die gut erhaltenen Kränze boten eine hervorragende Möglichkeit, sie mit heutigen Pflanzen zu vergleichen. Um zu verhindern, dass die Blütenblätter abfallen, wurden die Rosen noch nicht voll erblüht gepflückt. Während sie im Sarg trockneten, schrumpften sie und zogen sich zusammen. Für die Untersuchung wurden sie mit warmem Wasser befeuchtet und öffneten sich, wobei sich sogar die Staubgefäße wieder aufrichteten. Einige Kränze wurden in den Royal Botanic Gardens von Kew bei London (wo sich noch einige im Herbarium befinden) untersucht. Dabei konnten einige Rosenarten identifiziert werden. Am häufigsten für Grabkränze und zur Ausschmückung von Grabkammern genutzt wurde die Heilige Rose (*Rosa sancta*), auch als *Rosa richardii* bekannt. Eine weitere verwendete Rose, die Essig-Rose (*Rosa gallica*), wird bis heute in Europa kultiviert.

RECHTS Darstellung eines aufgebahrten ägyptischen Pharaos, der mit Kränzen und anderen Blütenopfern geschmückt ist.

BELEGE FÜR ROSEN IN ALTEN KULTUREN

Der Amerikaner Emmett Leslie Bennett, Jr. (1918–2011) war an der Entzifferung der mykenischen Schrift Linear B beteiligt, die mehr als 3000 Jahre vor dem griechischen Alphabet verwendet wurde. Zu seinen Hauptquellen gehörten im griechischen Pylos entdeckte Tontäfelchen, die Bennett untersuchte. Dabei stellte er fest, dass sich die Texte hauptsächlich mit Öl befassten. Vermutlich handelte es sich dabei um Olivenöl, das vor allem für Salben oder Parfüms verwendet wurde.

Die in Pylos wie auch Knossos gefundenen Linear-B-Tafeln erwähnen Olivenöl meist als Hauptzutat für die Herstellung von Duftölen und -salben. Die antike Verwendung des Öls für diese Zwecke ist daher recht gut belegt. Als Zusätze wurden duftende Salbei-, Zypressen- und Rosenöle verwendet.

Einen weiteren Beleg für die Bedeutung von Rosen in alten Kulturen liefern laut einigen Wissenschaftlern des 18. Jahrhunderts Münzen aus der Zeit um 3000 v. Chr. , die in Gräbern finno-ugrischer Völker gefunden wurden und das »Abbild einer voll erblühten Rose« trugen (Phillips und Rix). Ob diese Münzen aber jemals tatsächlich existierten, ist bis heute umstritten.

RECHTS Das von Andreas Brugger geschaffene Fresko »Helios auf dem Sonnenwagen« (um 1777) zeigt den von vier Hengsten gezogenen Wagen des Sonnengottes Helios. Der griechischen Mythologie nach versinnbildlichte seine Fahrt im goldenen Wagen über den Himmel den Sonnenlauf von Ost nach West.

OBEN Diese frühe Münze zeigt ein Porträt des griechischen Sonnengottes Helios auf der Vorder- und eine Rose auf der Rückseite.

Die ältesten eindeutig belegten Münzen mit Rosenprägung stammen von der Insel Rhodos und werden in die Zeit um 500 v. Chr. datiert. Der griechischen Mythologie nach soll die Nymphe Rhode die Namensgeberin der Insel gewesen sein. Sie war die Gemahlin des Sonnengottes Helios und ihr Symbol war die Rose. Rhodos war von 400 bis 80 v. Chr. Zentrum des Helioskults. Die dort ausgegrabenen Münzen zeigen ein Porträt des Helios und die Darstellung einer Rose.

Rosa centifolia

Wenn Zeus uns mit Frohsinn
eine Königin der Blumen wählte,
Er riefe die Rose und
setzte die Krone ihr auf.
Denn die Rose, ja, die Rose,
Ist die Anmut der Welt,
Ist das Licht unter den Pflanzen,
die auf dieser gedeihen!

Lied der Rose, Sappho zugeschrieben, nach der Fassung von Elizabeth Barrett Browning (1893)

3

ROSEN IM ANTIKEN GRIECHENLAND

Die lange Geschichte der Rose, die vor 35 Millionen Jahren ihren Anfang nahm, setzte sich auch im antiken Griechenland fort. So zeugen Gärten, Kunst und Keramik, Schriften und Erzählungen von der Bedeutung der Rose in der griechischen Kultur der Antike. Sie alle belegen, dass Rosen damals zahlreiche Aspekte des Lebens erfassten. Hierzu zählen Botanik, Medizin und Freizeit sowie Kulthandlungen und ganz besonders die Symbolwelt.

DIE ENTSTEHUNG DER GRIECHISCHEN GÄRTEN

Der griechischen Lebenswelt entspricht auch die Idee von Gärten, die der Erholung und dem Vergnügen dienten. Bis dahin waren Gärten nicht mehr als nützliche, wenn nicht gar lebensnotwendige Parzellen zum Anbau von Feldfrüchten. Nun aber entwickelte sich ein Konzept von natürlich belassenen Landstücken, die ganz im Zeichen von Freude, Sport und Schönheit standen.

Die griechische Gartenkunst war stark von den Phöniziern beeinflusst, einer blühenden Kultur von mehreren Stadtstaaten an der östlichen Mittelmeerküste. Schon seit der Zeit des Dichters Homer (um 800 v. Chr.) unterhielten diese im gesamten Mittelmeerraum Handelsbeziehungen, wobei ein Teil ihrer Waren auch Pflanzen umfasste. Ihre Handelsrouten verliefen von Persien über Ägypten letztlich bis nach Griechenland. Wie die Gartenexpertin Penelope Hobhouse in ihrem 2002 erschienenen Werk über die Kulturgeschichte des Gartens beschrieb, gediehen damals in Griechenland »mehr als 6000 Arten von Blühpflanzen und Bäumen«. Aus dieser Fülle erwuchs eine vielfältige Gartenkultur. So gelangten Rosen aus der Nilregion in Ägypten nach Griechenland. Vermutlich aus Makedonien stammten Heilige Rosen, Hundsrosen und Zentifolien. Belegt ist auch, dass im 5. und 4. Jahrhundert v. Chr. auf Rhodos Rosen angebaut wurden. Dies alles scheint zur Idee beigetragen zu haben, öffentliche Gärten zu errichten. Bei diesen Lustgärten handelte es sich um naturnah angelegte Gemeinschaftsflächen, die nur dem Zweck dienten, sich an einem Ort der Schönheit, Entspannung, Bewegung und Unterhaltung zu versammeln.

Bepflanzte Gärten

Dekore von Keramiken, die in antiken griechischen Palästen gefunden wurden, bezeugen die Existenz dieser Gärten und damit die Pflanzenliebe der Griechen. In ihrem Werk zur Gartenkunde im alten Athen führen die Autoren Dorothy Thompson und Ralph Griswold an, dass wohl Gärten den Töpfern jener Epoche als Inspirationsquelle dienten, Pflanzen und Blüten in den Formen und Verzierungen ihrer Keramiken darzustellen. Doch obwohl Kunstgegenstände und Gemälde diese Gärten abbilden, finden sich kaum schriftliche Zeugnisse zur Gartengestaltung, die die These reiner Lustgärten zweifelsfrei belegen können. Beweise für die fortschrittliche Gartenbaukunst in der griechischen Antike liefern allerdings zeitgenössische Tempelgärten, Brunnen und Parks.

Die griechische Gartenbaukunst erhielt einen weiteren Aufschwung, als man damit begann, Blumen und Blüten für die Verarbeitung zu Kränzen, Altarschmuck und Duftstoffen anzubauen. Letztere wurden für Parfüms und medizinische wie kosmetische Salben verwendet, die im Alltag eingesetzt wurden.

Einige Gegenden Griechenlands waren für den Anbau und Handel mit Pflanzen besonders bekannt. Berühmt für ihre Rosen, Veilchen und Krokusse war beispielsweise die Kyrenaika, eine libysche Region, in der im 7. Jahrhundert v. Chr. griechische Kolonien entstanden. Das semiaride Klima dieser Region führte dazu, dass dort die Pflanzen »duftender als anderswo« waren, wie es die amerikanische Geografin Ellen Semple in ihrem 1929 erschienenen Werk über antike Lustgärten des Mittelmeerraums beschrieb.

LINKS Darstellungen von Blüten und Pflanzen auf antiken griechischen Keramiken sind Beleg für die Bedeutung von Blumen im damaligen Alltag.

In ihrem 1986 erschienenen Werk zur frühen Geschichte des Gartenbaus stellte die Kunsthistorikerin Elizabeth MacDougall fest, dass es in den Palästen der frühgriechischen mykenischen Kulturen (1600–1100 v. Chr.) keine Gärten mit bepflanzten Beeten gab. Bepflanzt wurden vielmehr Kübel, die man in Innenhöfen aufstellte. Penelope Hobhouse beschrieb in ihrer Kulturgeschichte des Gartens, dass auch die Minoer Pflanzen in Gefäßen zogen, darunter Granatäpfel, Myrten, Lilien, Schwertlilien und Rosen. Der Schritt von bepflanzten Kübeln zu einem echten Garten markiert den Übergang von den neuartigen griechischen Gartenanlagen zu den späteren Gärten der hellenistischen Periode, die von einer viel weiter entwickelten griechischen Kultur beeinflusst waren. (Der Hellenismus ist die Epoche vom Tod Alexanders des Großen 323 v. Chr. bis zu den Anfängen der Römischen Kaiserzeit um 30 v. Chr.) In hellenistischer Zeit wurden die Gärten zu prächtigen ummauerten Paradiesen. Vor allem in dieser späteren Phase der griechischen

Kultur sind in den Gärten angepflanzte Rosen sehr präsent.

LINKS Pflanzen wie Myrten, Granatäpfel und Rosen, die bei den Griechen hochgeschätzt waren, zog man anfangs in großen Tongefäßen. Zu prächtigen ummauerten Paradiesen entwickelten sich die Gärten erst später in hellenistischer Zeit.

Innengärten

Betrachtet man die Anlagen hellenistischer Häuser, so findet man häufig einen offenen Hof mit innen liegenden Gärten, umgeben von Säulen. Sehr deutlich kann man eine derartige Peristyl-Bauweise auch in den späteren römischen Villen von Pompeji und Herculaneum beobachten. (Das Wort »Peristyl« bezeichnet Säulenreihen, die meist einen Innenhof oder ein Gebäude umgaben.) Mithilfe von Säulenreihen (Kolonnaden) wurden überdachte Gänge errichtet, die vor Sonne und Witterung Schutz boten. Der oft mit Statuen geschmückte Innenhof bildete eine willkommene Erweiterung des Hauses. Seine Beete waren mit Lilien, Veilchen und Rosen bepflanzt, Bäume und Brunnen sorgten in den wärmeren Monaten für Kühlung.

Parkanlagen, Tempel und Städte

Im Griechenland der klassischen Periode offenbaren sich in der Anlage und Gestaltung öffentlicher Parks noch weitergehende gartenbautechnische Neuerungen. Diese Parks waren der Bewegung und der Erholung gewidmet und wurden durch Brunnen und Spazierwege verschönert. Ein solcher Ort war das Gelände der Platonischen Akademie am Stadtrand von Athen. Ihr Gründer, der griechische Philosoph Platon, lehrte dort um 390 bis 380 v. Chr., und seine berühmte Philosophenschule bestand noch bis in die hellenistische Periode. Die Parks wurden mit einer Vielzahl von Bäumen bepflanzt, die gegen die Nachmittagshitze schützten. Neben Lorbeer- und Olivenbäumen gediehen dort auch zahlreiche Narzissen, Krokusse und Rosen.

Zahlreiche Gehölze und Pflanzen schmückten auch die antiken Tempel, darunter die Heiligtümer in Olympia, die der Aphrodite, der Artemis und den Nymphen geweiht waren. Oft assoziierte man die in den Tempeln verehrten Gottheiten mit bestimmten Blumen. So verband man beispielsweise Veilchen, Myrte und Rosen mit der Liebesgöttin Aphrodite. Diese für die verschiedenen Götter gebräuchliche Blumensymbolik erklärt auch, warum man die Tempelhaine um Blumengärten erweiterte. Die »heiligen« Haine wurden dabei um Zierpflanzen ergänzt und so abwechslungsreicher gestaltet. Die bereits vorhandenen Obstbäume blieben dabei jedoch erhalten. Von blühenden Gehölzen rings um die Tempel berichtet beispielsweise der griechische Historiker und Geograf Strabo, und der griechische Dichter Pindar beschrieb einen »herrlichen Garten«, der den Tempel der Aphrodite umschloss.

GRIECHISCHE BLUMEN

Im griechischen Alltag war das Thema »Blumen« immer gegenwärtig. So beschreibt z. B. der griechische Philosoph und Naturforscher Theophrast (um 371–287 v. Chr.) in seiner »Naturgeschichte der Gewächse« Pflanzen wie z. B. Rosen, die zur Herstellung von Kränzen und Girlanden angebaut wurden. Durch Feste und Rituale bestand in Griechenland ganzjährig ein großer Bedarf an Blühpflanzen. Im Winter wurde die Nachfrage durch Veilchen gedeckt, im Sommer durch Rosen.

LINKS Das Gemälde aus der Schule von Fontainebleau (Frankreich) zeigt Venus (Aphrodite) bei ihrer Morgentoilette inmitten von Lorbeersträuchern, Myrten und Rosen.

OBEN Diese Szene eines Markttreibens zeigt, wie Verkäufer von Veilchen, Rosen und anderen Blumen die wachsende Nachfrage der Griechen nach Blütenkränzen für feierliche und alltägliche Anlässe befriedigten.

Nach und nach nahmen die hellenistischen Städte einen zunehmend individuellen Charakter an, zu dem Lustgärten und andere Pflanzungen beitrugen. Ein Beispiel war die von Seleukos I. Nikator (Ende des 4. Jahrhunderts v. Chr.) gegründete Stadt Antiochia. Ihre immense Größe ermöglichte es, breite Straßen anzulegen, die durch Blumengärten verliefen und von Kolonnaden, Marmorpavillons, Bädern und Brunnen gesäumt wurden. Eine Allee, flankiert von Weinbergen, Rosengärten und Hainen, führte durch den Vorort Daphne zu einem den Nymphen geweihten Hain, der einen Apollon-Tempel umgab und für seine Schönheit gerühmt wurde. Die Villen entlang der Allee bereicherten die Landschaft mit ihrer Gartengestaltung.

Die »veilchenumkränzte« Stadt

In den Kränzen und Girlanden bei Festen und im Alltag waren Blüten allgegenwärtig. Vor allem in Athen herrschte daher eine immense Nachfrage nach Zierpflanzen. Besonders beliebt waren Veilchen, sodass sich Athen als »veilchenumkränzte Stadt« beschreiben lässt. Daneben waren auch Rosen sehr gefragt, die man oft umpflanzte und zurückschnitt, um Wachstum und Blüte zu fördern. Veilchen, Rosen und andere Zierpflanzen wurden in Athen auf Blumenmärkten verkauft. Diese wurden nötig, da die Stadt dicht bebaut und die Flächen in den städtischen Innengärten begrenzt waren. Wegen des Platzmangels mussten die Gärten der Vorstädte die große Nachfrage nach Blüten decken. Die Vorstädte entwickelten sich so zu einem wahren »Grüngürtel«.

Symbolträchtige Rosenkränze

Das Tragen von Kränzen aus Rosen hatte auch eine symbolische Bedeutung. So setzte sich der athenische Staatsmann und Dichter Solon (640–560 v. Chr.) für ein Dekret ein, das vorschrieb, wer Rosenkränze tragen durfte und wer nicht. Demnach sollten die Kränze ausschließlich Jungfrauen vorbehalten bleiben, um ihre Unschuld und Reinheit zu symbolisieren. Ein Zeitgenosse Solons, der Dichter Stesichoros (um 630–555 v. Chr.) aus der griechischen Kolonie Himera in Nordsizilien, brachte Rosen hingegen mit genussvollem Essen und Trinken in Verbindung. So schmückte er die Teilnehmer von Festmahlen in seinen Heldendichtungen mit Rosenkränzen. Auch Eros – Sohn der Liebesgöttin Aphrodite und Gott der Liebe und des sexuellen Begehrens – sowie Dionysos, der Gott des Weins, wurden oft mit einem Rosenkranz dargestellt. Die Verbindung von Rosen und sinnlichen Genüssen erreichte später in römischer Zeit ihren Höhepunkt.

Mit zunehmendem Handel und Import hielten die Griechen auch nach neuen Blumen- und Pflanzenarten für Girlanden und Kränze Ausschau. Einige Länder machten sich dabei schnell als Herkunftsgebiete der schönsten und duftendsten Blumensorten einen Namen. Die Vermehrung neu in Griechenland eingeführter Arten erforderte beträchtliches Geschick, damit die Pflanzen unter anderen Klima- und Bodenverhältnissen gediehen. So wuchs z. B. in der Stadt Philippi im antiken Königreich Makedonien eine hundertblättrige Rose, die aus einer Wildrose vom Berg Pangeo (Pangaios) gezüchtet worden war. Einer von der Geografin Ellen Semple nacherzählten Legende zufolge stammte diese geheimnisvolle Rose aus dem Garten von König Midas von Thrakien, »in dem wilde Rosen wuchsen, von denen jede 60 Blütenblätter hat und alle anderen an Duft übertrifft«. Hinweise auf die legendäre König-Midas-Rose finden sich auch in der Literatur. Bisweilen wird sie mit der Damaszener-Rose *Rosa damascena semperflorens* gleichgesetzt, die heute den Namen 'Autumn Damask' trägt – die einzige Alte Rose, die im Herbst ein zweites Mal blüht. Die modernen mehrfachblühenden Rosen sind hingegen durch Kreuzung von chinesischen mit europäischen Rosen entstanden.

ROSEN IN GRIECHISCHEN SCHRIFTEN

WIE SICH DER DICHTER HOMER einen Lustgarten vorstellte, offenbart sich in seinem Werk »Odyssee«, in dem er den Garten des Alkinoos beschreibt – ein mythischer Garten von überirdischer Üppigkeit. Obwohl er wie ein Nutzgarten bepflanzt ist, zeugt dieser Garten von einem Sinn für gärtnerische Schönheit.

Überreich tragen die Bäume beständig Früchte: Granatäpfel, Birnen und glutrote Äpfel, saftige Feigen und pralle, dunkle Oliven. Nie schwindet oder mangelt ihr Ertrag, weder sommers noch winters – das ganze Jahr über bringen sie reiche Ernte.

HOMER, *Odyssee*

Zu Zeiten Homers kultivierten die Griechen viele Rosen und der Dichter beschrieb sie in seinen im 8. Jahrhundert v. Chr. verfassten Werken »Ilias« und »Odyssee«. Darin verglich er ihre Schönheit mit den Farben des Sonnenaufgangs und verband sie mit Eos, der Göttin der Morgenröte, die täglich bei Morgendämmerung über den Himmel fliegt: »Hier ist sie wieder, die mit den Rosen!« Homer beschreibt Eos, wie sie bei ihrer Fahrt über den Morgenhimmel die Luft mit Rosenduft erfüllt.

Die neugeborene Sonne repräsentierte auch der griechische Kindgott Harpokrates. Seinen Namen hatten die Griechen dem ägyptischen Gott Horus

OBEN In seinem Garten bei Athen unterrichtete der Philosoph Epikur seine philosophische Lehre, den Epikureismus.

entlehnt, der die aufgehende Sonne bei Tagesanbruch symbolisierte. Harpokrates war auch der Gott des Schweigens und der Geheimhaltung. Der Sage nach bestach die Liebesgöttin Aphrodite Harpokrates für sein Stillschweigen über ihre Liebeshändel mit einer Rose (siehe S. 78). Darauf bezieht sich auch die lateinische Wendung *sub rosa* (»unter der Rose«), die bedeutet, dass etwas unter dem Siegel der Verschwiegenheit gesagt wird. Noch im Mittelalter erinnerte die an den Decken von Ritter- und Konventsälen geschnitzte oder aufgemalte »Schweigerose« an diese Bedeutung.

Theophrast

Der von der griechischen Insel Lesbos stammende Philosoph und Naturforscher Theophrast (um 371–287 v. Chr.) wird oft als »Vater der Botanik« bezeichnet, da er als erster Autor pflanzenkundliche Schriften verfasste. Seine Werke enthalten detaillierte Beschreibungen von Rosen, ihrer Blütezeit in Ägypten sowie ihren Vermehrungsmethoden. Die lange Wachstumsperiode und die fruchtbaren Böden in Ägypten erklären möglicherweise, wie die hohe Nachfrage der Griechen nach Rosen gedeckt werden konnte.

Epikur

Der griechische Philosoph Epikur (341–270 v. Chr.) besaß nahe Athen einen Rosengarten, in dem er seine als *Kepos* (»Garten«) bekannte Schule gründete. Einige Autoren mutmaßen, dass der Garten zu seinem hohen Maß an Seelenruhe (Ataraxie) beitrug, die ein Grundsatz seiner Philosophie war. Um dieses Ideal zu erreichen, empfahl Epikur, das Chaos und das politische Leben hinter sich zu lassen und sich stattdessen dem Landleben und den Rosen zu widmen. Zwar mag diese Idee einladend klingen, doch die meisten griechischen Städte dieser Zeit boten zu wenig Platz, um Lustgärten mit Rosen anzulegen. Allenfalls wohlhabende Städter wie Epikur konnten sich einen solchen Garten leisten.

RECHTS Das Gemälde »Sappho und Erinna in einem Garten in Mytilene« (1864) des britischen Künstlers Simeon Solomon zeigt die griechische Dichterin Sappho, die um sich eine Gruppe von Frauen versammelte, die dem Kult der Aphrodite und der Musen dienten, in Umarmung mit ihrer Dichterkollegin Erinna.

Herodot

Der als »Vater der Geschichtsschreibung« bekannte griechische Gelehrte Herodot (um 480–425 v. Chr.) beschrieb eine 60-blättrige Rosenblüte, die im Garten von König Midas in Makedonien wuchs und alle anderen Rosen an Duft übertraf. Herodot sah darin eine Essig- oder Damaszener-Rose, eventuell auch eine gefüllte Varietät der *Alba*-Rose. Möglicherweise wurde auch Alexander der Große in den prachtvollen makedonischen Gärten erstmals vom Rosenduft betört (siehe S. 70).

Sappho

Die griechische Dichterin Sappho (um 630–570 v. Chr.) stammte von Lesbos. Ihre berühmten Verse waren frühe Liedtexte, verfasst, um zur Melodie einer Lyra gesungen zu werden. Sappho galt als eine der größten Dichterinnen ihrer Zeit und thematisierte in ihren Gedichten oft Liebe, Begehren und Eifersucht. Aber auch die Beschaulichkeit eines Gartens schilderte sie in anmutiger Weise (siehe Kasten rechts). Nur wenige ihrer lyrischen Werke sind überliefert und ihre »Ode an Aphrodite« (um 600 v. Chr.) ist eines der wenigen vollständig erhaltenen Gedichte. Das lyrische Ich fleht darin die Liebesgöttin angesichts einer unerwiderten Liebe um Beistand an. Den Tempel der Aphrodite im »anmutigen Apfelhain« schmückt es mit Rosen und beschwört die Göttin, sich inmitten »weihrauchduftender Altäre« zu erheben. Die Geliebte setzt die Dichterin mit einer Rose gleich, der »Königin der Blumen«, die die Sinne betört.

Durch Obstgärten, duftgekrönt,
rinnt murmelnd die klare, kühle Quelle.
Und im laubraschelnden Hain
locken die Bäume zu sanfter Ruhe.

SAPPHO

Anakreon

Auch der antike griechische Dichter Anakreon (um 570–475 v. Chr.) verfasste eine Ode, die alle Aspekte der Schönheit einer Rose pries: ihren Duft, ihre Heilkraft und die Wertschätzung, die sie bei den Göttern genoss. Anakreons Gedicht »Über die Rose« (siehe Auszug im Kasten rechts) fasst diese Vorzüge bildhaft zusammen.

Rose, von Göttern und Menschen hold erwählt,
Rose, mit den Grazien vermählt,
Sie ist der Musen Sonne,
Sie ist der Venus Wonne:
Lieblich, wenn sie mit scharfen Dornen ist bewehrt,
Lieblich, wenn sie zarte Hand mit Schmuck verehrt.

Anakreon

ALEXANDER, DER GROSSE ROSENLIEBHABER

ALEXANDER DER GROSSE ist vor allem für seine militärischen Fähigkeiten bekannt, dank derer er eines der größten Reiche der antiken Welt errichtete. Weniger bekannt ist seine Liebe zu Pflanzen. So brachte er verschiedene Gewächse – darunter auch Rosen – von seinen Eroberungszügen in Persien mit.

Bis zu einem Alter von 16 Jahren wurde Alexander vom Philosophen und Naturforscher Aristoteles unterrichtet. Möglicherweise verdankte er ihm seine botanischen Kenntnisse und die Liebe zu Rosen. Immerhin schreibt man ihm das Verdienst zu, die Rose in Europa und in Ägypten verbreitet zu haben.

In ägyptischen Wandmalereien und Hieroglyphen waren Blumenmotive bereits ab 2500 v. Chr. verbreitet. Hierzu zählten auch Rosen. Sie standen mit der Göttin Isis in Verbindung und wurden erstmals in einer Hieroglyphe im Grab von Pharao Thutmosis IV. (14. Jh. v. Chr.) erwähnt. Doch erst unter dem Einfluss Alexanders des Großen und Griechenlands wurden sie zu einem wichtigen Bestandteil der ägyptischen Kultur.

LINKS Alexander der Große (356–323 v. Chr.) – hier auf Kissen inmitten einer üppigen Blumenlandschaft einen mongolischen Botschafter bewirtend – war stark von der persischen Kultur beeinflusst.

ALEXANDRIA

Nach ihrer Eroberung erhielten zahlreiche Städte den Namen Alexanders des Großen, so auch die ägyptische Hafenstadt Alexandria nahe der Nilmündung. Alexander kam 332 v. Chr. nach Ägypten. Er blieb nur kurze Zeit, der griechische Einfluss war in der Folge aber dennoch stark. Hierzu zählte auch die Rose als Symbol in der ägyptischen Alltagskultur. Noch beliebter wurde sie später durch Königin Kleopatra VII. Sie war eine Nachfahrin von Ptolemaios I. Soter (einem General Alexanders) und Mitregentin der Ptolemäer-Dynastie (305–30 v. Chr.), der letzten bedeutenden Dynastie des Hellenismus.

DIE ROSEN VON KNOSSOS

DER NAME »KNOSSOS« geht auf frühe griechische Erwähnungen dieser einst bedeutenden Stadt auf der Insel Kreta zurück. Besiedelt war der Ort bereits in der Jungsteinzeit (7000 v. Chr.) und soll schon um 1700 v. Chr. 100 000 Einwohner gezählt haben! Kretische Rohstoffe wie Öl, Wein und Wolle begründeten den Wohlstand der Stadt und ermöglichten es ihr, ihren Handel und Einfluss in der Region auszuweiten.

Schon der griechische Geschichtsschreiber Herodot berichtete über den legendären König Minos von Knossos und das von ihm erschaffene »Meeresreich«. Die nach ihm benannte minoische Zivilisation erblühte von 2700 bis 1450 v. Chr. und beherrschte mit ihrem Handel und ihrer Kultur die Ägäis. Sie war eine der frühesten Zivilisationen in Europa. Archäologische Funde belegen ihren weitreichenden Einfluss und ihre Errungenschaften. So wurden minoische Gefäße auf den ägäischen Inseln, dem griechischen Festland, auf Zypern sowie entlang der Küsten Syriens und Ägyptens entdeckt.

In seiner Geschichte wurde Knossos mehrfach durch Erdbeben, Invasionen und Vulkanausbrüche zerstört. Jedes Mal wurde die Stadt kunstvoller und komplexer wiederaufgebaut. Die Überreste von Knossos entdeckte 1878 der Kaufmann und Hobby-Archäologe Minos Kalokairinos auf den väterlichen Ländereien. Ihm verdanken wir unser heutiges Wissen darüber, welche Bedeutung Knossos für die minoische Kultur hatte. Ausgrabungen förderten kunstvolle Labyrinthe, die Grundrisse eines Palastes, eine dichte Stadtbebauung sowie Keramiken und Häuser mit Malereien zutage.

Das älteste bekannte Rosengemälde

Spätere Ausgrabungen in Knossos belegen, welche Bedeutung Rosen für den griechischen Lebensalltag hatten: Der englische Archäologe Sir Arthur Evans (1851–1941) entdeckte dort das weltweit älteste bekannte Gemälde einer Rose. Es gehört zum »Fresko mit dem blauen Vogel« im sogenannten Haus der Fresken und stammt aus der Zeit um 1550 v. Chr. Evans beschrieb das Fresko wie folgt:

Auf der linken Seite erscheint erstmals in der antiken Kunst ein Wildrosenbusch – teils vor dunkelrotem, teils vor weißem Hintergrund. Weitere gebogene Zweige der gleichen Pflanze hängen von einem darüber befindlichen Felsgewölbe herab. Die Blüten sind von einem goldenen Rosé und weisen orangefarbene, dunkelrot gepunktete Blütenmitten auf. Der Künstler hat die Blüten mit sechs statt fünf Blütenblättern dargestellt und die Blätter zu Dreiergruppen ähnlich wie bei Erdbeeren vereinfacht.

SIR ARTHUR EVANS, *Der Palast des Minos* (1902)

UNTEN Das »Fresko mit dem blauen Vogel« aus dem Haus der Fresken (um 1550 v. Chr.) wurde bei Ausgrabungen im Palast des Minos auf Kreta entdeckt. Zu den Bildelementen zählen ein Vogel, Schwertlilien, Lilien und Rosen.

Die auf Kreta beheimatete *Rosa pulverulenta* (oder *Rosa glutinosa*) ist eine Wildrosenart, deren rosafarbene Blüte eine hellere Mitte sowie einen zarten Pinienduft aufweist. Dies stimmt mit der Beschreibung einer Rose überein, die zur Zeit und am Ort des minoischen Palastes von Knossos existiert haben könnte.

Das Problem mit den Blütenblättern

Die von Sir Arthur Evans im Jahr 1900 begonnenen Ausgrabungen in Knossos dauerten noch 35 Jahre an. Dabei rekonstruierte er weite Teile des Palastes, sodass sich heute Größe und Komplexität der über Jahrtausende immer wieder ausgebauten Anlage ermessen lassen. Damit ist Knossos die größte bronzezeitliche Ausgrabungsstätte auf Kreta.

Heute stellt sich die Frage, wer wohl das »Fresko mit dem blauen Vogel« schuf und welche Rosenart darauf dargestellt ist. Da man weiß, dass antike Paläste meist keine Gärten besaßen, nimmt man an, dass es sich um eine Topfpflanze handelte. Inzwischen geht die Forschung davon aus, dass es in Knossos Rosen gab, die vermutlich durch den Handel mit Syrien nach Kreta gelangten.

In England arbeitete der Botaniker Charles Chamberlain Hurst (1870–1947) mit Evans zusammen. Hurst identifizierte die Blume als fünfblättrige Rose, die für ihn »eine verblüffende Ähnlichkeit mit der Heiligen Rose Abessiniens, Ägyptens und Kleinasiens« aufwies. Wir nennen sie heute *Rosa sancta* und ihre moderne Nachfahrin *Rosa richardii.* Hursts Witwe, die Archäologin und Botanikerin Rona Hurst, entfachte nach einem Besuch auf Kreta im Jahr 1964 erneut eine Diskussion über die dargestellte Rosenart. Sie entdeckte archäologische Belege, die der Ansicht ihres Ehemanns widersprachen, und lenkte die Diskussion auf andere Rosen mit sechs Blütenblättern (Petalen).

Das »Petalzahlproblem« verkomplizierte sich weiter, als der Schweizer Kunstexperte Émile Gilliéron (1850–1924) unter der Leitung von Evans das »Fresko mit dem blauen Vogel« restaurierte: Gilliéron erkannte auf dem Fresko verschiedene Rosenarten: einige gelblich schimmernd mit sechs Blütenblättern sowie eine deutlich blassere, rosafarbene Rose mit nur fünf Petalen, die eine ausgeprägte Aderung aufwiesen. Diese Aderung war Rona Hurst zufolge typisch für *Gallica*-Rosen.

Eine ganz andere Ansicht vertrat der Archäologe Mark Cameron 1974 in seiner Arbeit über minoische Fresken. Er identifizierte sechsblättrige Blüten, mit und ohne braun geäderte Blätter, und hielt die dargestellten Blumen aller Wahrscheinlichkeit nach für wild wachsende Hundsrosen (*Rosa canina*).

Einig sind sich die genannten Quellen aber darin, dass das Fresko das früheste bekannte Gemälde einer Rose zeigt. Strittig ist, ob es sich um *Rosa sancta*, *Rosa gallica* oder *Rosa canina* handelt. Die Gartenhistorikerin Jennifer Potter bestimmte sie indes in ihrer Arbeit zur Geschichte der Rosen als *Rosa pulverulenta*, eine mit der Wein-Rose (*Rosa rubiginosa*) verwandte Art.

ROSENÖL IM ANTIKEN GRIECHENLAND

Zeitgenössische Belege lassen vermuten, dass in der griechischen Kultur Rosen speziell für die Herstellung von Rosenöl gezüchtet wurden. Damals gewann man das Öl noch nicht durch Destillation. Vielmehr wurde es hergestellt, indem man die Blütenblätter in Mandel-, Sesam- oder Olivenöl mazerierte. Hierfür wurden große Mengen an Rosenblüten benötigt.

Ein früher Hinweis auf die Verwendung von Rosenöl zu Heil- und Bestattungszwecken findet sich im 23. Gesang von Homers Epos »Ilias«. Darin wird beschrieben, wie die Göttin Aphrodite den Leichnam des getöteten trojanischen Heerführers Hektor mit Rosenöl salbt. Es heißt, die Göttin selbst habe den Leib des Helden Tag und Nacht »mit ambrosischem Balsam von Rosenduft« benetzt.

Der griechische Philosoph und Naturforscher Theophrast beschrieb in seinen naturkundlichen Schriften verschiedene Rosenarten mit unterschiedlicher Anzahl an Blütenblättern – fünf, zwölf, 20 oder mehr –, die raue Beschaffenheit ihrer Stiele, ihre Farben und Düfte. Die am süßesten duftenden stammten ihm zufolge aus Kyrene, einer 631 v. Chr. als griechische Kolonie gegründeten Stadt im Osten des heutigen Libyens. Sie dienten zur Herstellung von Parfüm. Theophrast schilderte auch Methoden zur Vermehrung von Rosen sowie ihre Blütezeiten in Ägypten, von wo große Mengen Rosen nach Griechenland exportiert wurden.

ROSEN FÜR DIE ÖLHERSTELLUNG

Welche Rosensorten in der Antike zur Ölherstellung angepflanzt wurden, kann nur vermutet werden. Ebenso wie der griechische Naturforscher Theophrast erwähnte auch Plinius der Ältere (23/24–79 n. Chr.), ein römischer Gelehrter, der die naturgeschichtliche Enzyklopädie *Naturalis historia* verfasste, eine »hundertblättrige« griechische Rose. Daher glaubte man lange, es habe schon damals Vorläufer der stark duftenden Zentifolien gegeben. Allerdings beschrieb Plinius seine »hundertblättrige Rose« als geruchslos. Lässt man Plinius den Älteren und Theophrast außen vor, datiert die früheste verbürgte Erwähnung von Zentifolien auf das Jahr 1318. Vom 17. bis zum 19. Jahrhundert pflanzten holländische Rosenzüchter Zentifolien an. Sie dienen auch heute noch zur Ölherstellung.

LINKS Das ursprünglich aus Alabaster gefertigte Alabastron diente in der Antike zur Aufbewahrung von Öl, zumeist von Duft- oder Massageöl. Die Gestaltung dieses Gefäßes wird dem »Maler von Palermo 1162« (um 480 v. Chr.) zugeschrieben.

ROSEN IN WEITEREN ANTIKEN TEXTEN

IN EINEM LOBPREIS DES EURYALOS schrieb der griechische Lyriker Ibykos, Aphrodite habe diesen »unter Rosenblüten« großgezogen. Einer Sage nach erhörte die Liebesgöttin Aphrodite den Hilferuf der vom Gott des Westwinds verfolgten Nymphe Chloris. Sie verwandelte sie in eine Blume, verlieh ihr Schönheit und den Namen »Rose« und weihte sie dem Liebesgott Eros, ihrem Sohn. Der Fruchtbarkeitsgott Dionysos schenkte ihr duftenden Nektar, und die drei Grazien gaben ihr Anmut, Freude und Glanz. Die Göttin Iris lieh sich die Farbe der Rose für ihren Regenbogen, und Aurora malte mit ihrer Farbe die Morgendämmerung an den Himmel.

Eros

Ebenfalls eine Sage berichtet über den Liebesgott Eros, der Harpokrates, den Gott des Schweigens, mit Rosen bestach, damit er über einen Fehltritt seiner Mutter Aphrodite Stillschweigen bewahrte. Die Rose steht daher auch für die Wahrung von Geheimnissen. In einer weiteren Erzählung beugte sich Eros einst zu einer Rose herab, um ihre Schönheit zu bewundern und ihren Duft zu genießen. Da wurde er von einer Biene gestochen, die gerade dabei war, den Nektar der Rose zu sammeln. Eros beklagte sich bei seiner Mutter Aphrodite, die ihn mit »magischen Pfeilen« bedachte, die die Biene verletzen sollten. Eros schoss die Pfeile in die Rosensträucher. Seither verraten die Stacheln der Rosen, wie oft er danebentraf.

OBEN Das Gemälde »Die Liebe und das Mädchen« (1877) des präraffaelitischen Künstlers John Roddam Spencer Stanhope stellt die Sage von Amor und Psyche dar. Rosen symbolisieren darin die ewige Liebe.

Eine weitere antike Sage, die sich um den Liebesgott Eros (römisch: Amor) rankt, ist die von Amor und Psyche. Dieser zufolge ermöglichte Göttervater Jupiter die Heirat zwischen Amor und der Königstochter Psyche, indem er sie unsterblich machte. Glücklich über die Vermählung, befahl er, »alles von Rosen erstrahlen zu lassen«. Sagen erklärten auch, wie Rosen in die Welt kamen. Denn Amor wird nachgesagt, dass er gegen eine Schale mit Wein stieß, die daraufhin neben dem Gott Dionysos zu Boden fiel. Aus dem verschütteten Wein erwuchs ein Rosenstrauch, der Schönheit symbolisierte und der Aphrodite geweiht war.

RHODANTHE – DIE KÖNIGIN DES ROSENSTRAUCHS

In ihrer 1919 erschienenen Sammlung von Naturmythen und -geschichten aus aller Welt gab die Kinderbuchautorin Frances Jenkins Olcott eine Legende wieder, die die Entstehung der Rosensträucher erklärte. Sie berichtet über die korinthische Königin Rhodanthe (»Rosenblüte«), die vor der Nachstellung dreier Freier in den Tempel der jungfräulichen Jagdgöttin Artemis floh. Rhodanthes Schönheit war so groß, dass die Tempelbesucher fortan ihr statt der Göttin huldigten. Dies erzürnte Artemis' Zwillingsbruder Apollon so sehr, dass er die Königin in einen Rosenstrauch verwandelte und auch ihre Verehrer bestrafte:

Ihr Körper wurde zum Stängel und ihr Haupt
zu einer zartroten Rose [...].

Ihre drei Verehrer aber wurden in Wurm, Biene
und Schmetterling verwandelt.

Frances Jenkins Olcott (1919)

Midas und Persephone

Der legendäre König Midas soll einer Sage nach einen Garten voller Rosen besessen haben, die für ihren unvergleichlichen Duft gerühmt wurden. Doch auch die bekannte Legende rund um die »goldbringende Gabe« des Midas hat mit Rosen zu tun. Dieser zufolge bot der König dem vor Trunkenheit ohnmächtigen Satyr Silenos, einem Gefährten des Gottes Dionysos, seine Gastfreundschaft an. Als Dionysos Midas für seine Freundlichkeit belohnen wollte, erbat sich dieser eine besondere Gabe: Alles, was er berührte, sollte sich in Gold verwandeln. Berauscht von seiner neu erworbenen Gabe berührte Midas einen Eichenzweig und einen Stein, die beide zu Gold wurden. Sodann berührte er jede Rose in seinem Garten, und alle verwandelten sich in Gold. In einer späteren Version des US-amerikanischen Schriftstellers

Nathaniel Hawthorne beklagte die Tochter des Königs, dass die goldenen Rosen nicht mehr dufteten. Doch als der König sie trösten wollte und seine Hand sie berührte, wurde auch sie zu Gold.

Eine ganz andere Sage berichtet über die Göttin Persephone (römisch: Proserpina), die mit ihren Nymphen in der Ebene von Nysa Blumen pflückte, als Hades, der Gott der Unterwelt, auftauchte und sie entführte. Ihr Strauß bestand aus Krokussen, Veilchen, Schwertlilien, Lilien, Rittersporn und Rosen. Heute komponieren einige symbolkundige Floristen aus diesen Blumen griechisch inspirierte Brautsträuße.

UNTEN »Im Garten der Proserpina« (1893) von Henry Payne zeigt Persephone, die Tochter von Zeus und Demeter, als anmutige Frühlingsgöttin.

Geschichten der Liebe

In der griechischen Antike waren Rosen eng mit der Göttin Aphrodite verbunden, die für Liebe, Schönheit, Leidenschaft und Fortpflanzung stand. Zu ihren Symbolen zählten Myrte, Tauben, Spatzen, Schwäne – und natürlich Rosen.

Sagen über die Liebesgöttin behandeln die vielfältigen Facetten der Liebe, die jeweils von Rosen symbolisiert werden. So stand die weiße Rose für Reinheit und Unschuld, die rote hingegen für sexuelle Leidenschaft und Begehren. Eine Sage z. B. erzählt, wie sich Aphrodite, als sie ihren verwundeten Geliebten Adonis versorgte, an den Stacheln eines weißen Rosenstrauchs verletzte, wobei ihr Blut die Rosen rot färbte. Die sich rötenden weißen Rosen symbolisieren den Wandel von Unschuld und Reinheit zu Fruchtbarkeit und Mutterschaft (siehe unten).

Die rote Rose symbolisiert Fruchtbarkeit und Mutterschaft.

Für jeden Blutstropfen, der von Adonis' Seite fiel, vergoss sie eine Träne wie eine Perle, die zu Anemonen wurden. Und aus den Blutstropfen wuchsen leuchtend rote Rosen empor! So, erzählt die alte griechische Wundersage, kamen Anemonen und Rosen in die Welt.

Frances Jenkins Olcott (1919)

DAS FEST DER ADONIEN

Die Adonien – ein Fest, das der Trauer um den Tod des Adonis gewidmet war – begingen die Frauen im antiken Griechenland alljährlich im späten Frühling oder Frühsommer. Als besonderer Festschmuck wurden Blumen und andere Pflanzen in Gefäßen kultiviert.

Meist wurden Salat- und Fenchelsamen gesät, die rasch wuchsen, dann aber – symbolisch passend zur Bestattung – in der Hitze verdorrten und eingingen. Laut Theophrast wurden in einigen Töpfen auch Rosen gezogen.

Das ganze Fest über tanzten, sangen und trauerten die Athenerinnen auf den Dächern ihrer Häuser. Danach nahmen sie die Pflanzen aus den Gefäßen und gingen in die Straßen hinab. Mit den verwelkten »Gärten« in ihren Händen formierten sie sich zu einem kleinen Trauerzug und »bestatteten« die Überreste feierlich im Meer.

Freude und Leid haben in dieser Welt dieselbe Form: Man kann die Rose ein offenes oder ein gebrochenes Herz nennen.

DARD (1720–1785)

Beispiele für die stets wiederkehrende Symbolkraft der Rose gibt es in griechischen Sagen und Erzählungen zuhauf. So stehen Rosen für Schönheit, aber auch für Freude, Anfänge, Tragödien und Tod. Rosen repräsentieren die gesamte Bandbreite der Gefühlsskala: Rote Rosen symbolisieren Leidenschaft, weiße Reinheit, leicht rot angehauchte Schmeichelei. So hat die Rose eine vielfältige symbolische Bedeutung, die später auch der Sufi-Dichter Dard erkannte (siehe Kasten links).

In der trockensten,
weißesten Gegend
der unendlichen Wüste
des Schmerzes
verlor ich meinen
Verstand
und fand
diese Rose.

RUMI (um 1260)

Rosa gallica purpurea velutina parva

4

ROSENMANIE IM ALTEN ROM

Wenden wir uns dem antiken Rom zu, so entdecken wir, wie sehr die griechische Lebensweise die Römer beeinflusste. Im Zuge der griechischen Besiedlung Süditaliens und Siziliens machten sich ab dem 8. Jahrhundert v. Chr. auch Bedeutung und Verwendung von Rosen in der römischen Lebensweise bemerkbar.

Die griechische Liebe zu Rosen steigerte sich in Rom zu einer wahren Leidenschaft und die Verarbeitung und Verwendung von Rosen wurde zu einer regelrechten Manie. Die Römer nutzten Rosen in derselben Weise wie die Griechen, jedoch noch öfter und in größeren Mengen: Sie trugen Kränze aus Rosen, nutzten Rosen in der Küche sowie für Kosmetika, Salben, Öle und Heilmittel. Man bettete sich auf Rosenblütenkissen, malte Rosenfresken, verfasste Rosenlegenden, parfümierte Wasser mit Rosen, hüllte seine Gäste in Wolken aus Rosenduft und bestattete die Toten mit Rosen.

RÖMISCHE ROSENZUCHT

Römer verehrten die Rose in der Kunst, in Gärten, bei Festmahlen und Riten, in der Architektur und im Alltag. Diese regelrechte Leidenschaft für Rosen ging mit einer hohen Nachfrage einher, was zwei Fragen aufwirft: Woher stammten all die Rosen und wie wurden sie angebaut?

Schriftlichen Berichten zufolge wurden damals Rosen hauptsächlich im Nahen Osten und in Ägypten angebaut. In beiden Regionen gab es bereits hoch entwickelte Kulturen und schon in früherer Zeit gediehen hier Rosen. Außerdem wissen wir, dass sich Rosen in griechischer und hellenistischer Zeit nach Europa verbreitet hatten.

Auch der Gartenbau in Rom entwickelte sich weiter, und viele Texte berichten über die römischen Gärten. Anders als bei den Griechen finden sich hier Informationen über Vermehrungsmethoden und den kommerziellen Anbau von Rosen. Häufig wurden Rosen in privaten Gärten, auf Dächern und Balkonen angepflanzt. Belege hierfür sind die erhaltenen Fresken und Peristyl-Gärten in Pompeji. Der private Rosenanbau lieferte einen steten Nachschub an Blüten für Kränze und Girlanden und mit Rosenduft und -zubereitungen konnte man gegen die städtische Geruchsbelästigung vorgehen und leichtere Beschwerden behandeln. Zudem wurden Rosen auch in der Küche und für kosmetische Zwecke verwendet.

Römische Texte zur Rosenzucht

In vielen Texten antiker Gelehrter finden sich Anleitungen zur Rosenzucht. Möglicherweise war das Thema so beliebt, weil griechische Schriftsteller hierfür bereits den Grundstein gelegt hatten.

Marcus Terentius Varro (116–27 v. Chr.)

Der römische Gelehrte und Schriftsteller Marcus Terentius Varro war in der Spätantike eine bedeutende Autorität. In seinem 37 v. Chr. veröffentlichten Lehrbuch *Res Rusticae* (»Über die Landwirtschaft«) schrieb er: »Mehr als 50 griechische Schriftsteller haben sich beiläufig mit Landwirtschaft befasst«. Deren Werke führte er in seinem Lehrbuch als Quellen an.

Rosen erwähnte Varro in vielen seiner Schriften, so auch in den *Res Rusticae*. Das unterhaltsame und oft humorvolle Werk basiert neben den erwähnten Quellen auf seinen eigenen Erfahrungen und Erkenntnissen in Landwirtschaft und Ackerbau. Unter anderem umfasst es Überlegungen zu kommerziellen Blumengärten in Vorstädten (siehe Kasten rechts).

Varros Witz würdigt auch eine Veröffentlichung der Vereinigung ökologischer Landwirte und Gärtner Maine (MOFGA): »Er widmete das Werk seiner Gattin Fundania, die bemerkt hatte, er sei kein junger Hüpfer [!] mehr und solle sein Wissen über die Landwirtschaft daher besser möglichst schnell und knapp zusammenfassen.« Varro schrieb: »Mein achtzigstes Jahr gemahnt mich daran, die Koffer zu packen, bevor ich meine Reise aus der Welt antrete.« Varro wurde 90 Jahre alt.

Man kann sich gut vorstellen, wie es wäre, Varros poetischen Schilderungen seiner Gartenbauerfahrungen bei einer Tasse Tee zu lauschen. Wir können Fundania dankbar sein, dass sie ihren Gatten mit ihren Worten anspornte.

Daher ist es in den Vororten der Städte angebracht, ausgedehnte Gärten anzulegen und darin Veilchen, Rosen und viele andere Pflanzen zu ziehen, die in der Stadt verwendet werden. Indes wäre es töricht, dies auf einem weit entfernten Bauernhof zu tun, der keine Möglichkeit hat, den Markt zu erreichen.

VARRO: *Res Rusticae* (37 v. Chr.)

Vergil (70–19 v. Chr.)
Beeinflusst von Varro, beschrieb der römische Schriftsteller Vergil in seinem Lehrgedicht *Georgica* (»Gedichte vom Landbau«) die zweimal blühenden Rosen in Paestum. Für ihn war ein ausgewogenes Gleichgewicht zwischen Bepflanzung und naturnaher Wirkung zentral. Über sein Gärtnerideal schrieb Vergil:

> *Im Frühling kam er als Erster,*
> *um Rosen zu sammeln, dann*
> *im Herbst die Äpfel, und so*
> *begrüßte er stets als Erster die*
> *umherschwirrenden Bienen,*
> *die für ihn den kostbaren Honig*
> *erzeugten, der Roms einzige*
> *Süße war.*
>
> VERGIL: *Georgica* (29 v. Chr.)

Columella (4–70 n. Chr.)
Wer noch mehr Rat zu Rosen suchte, las Columella. Der römische Schriftsteller und Gutsbesitzer befasste sich mit Landwirtschaft und Gartenbau, er schätzte Rosen für rituelle und Gedenkzwecke. Im zehnten Buch seines Werks *De Re Rustica* (»Zwölf Bücher über die Landwirtschaft«) schrieb Columella:

> *Rosen, von verhaltenem*
> *Erröten durchdrungen, zeigen*
> *ihre jungfräulichen Augen*
> *und sind in den Tempeln der*
> *Götter eine gebührliche*
> *Huldigung. Ihre süßen Düfte*
> *mischen sich mit Schwaden*
> *sabäischen Weihrauchs.*
>
> COLUMELLA: *De Re Rustica*

Seneca der Jüngere (4 v. Chr.–65 n. Chr.)
In seinen *Naturales quaestiones* (»Naturwissenschaftliche Untersuchungen«) berichtete der Philosoph und Naturforscher Seneca der Jüngere, dass man Rosen in »Treibhäusern« kultivierte und durch Begießen mit warmem Wasser zum Wachsen anregte. Seneca unterrichtete Nero und hatte starken Einfluss auf sein Denken (siehe S. 90).

Im selben Werk äußerte sich Columella zum »Rhythmus des Bauernjahres« und empfahl Februar als ideale Zeit, um neue Rosenbeete anzulegen und sich um die alten Beete zu kümmern. Spätestens im März sollte der Gärtner ihm zufolge das neu anzulegende Rosenbeet fertig umgegraben und vorbereitet haben. Columella gibt auch Pflanzanweisungen und Ratschläge zum Beschneiden: »Der Rosenstock sollte zur selben Zeit gepflanzt

Weiße Lilien, zwischen die Gartenfurchen gesät, ergeben einen prächtigen Anblick. Von nicht minder reiner Farbe sind die Landnelken [Gartennelken oder ähnliche Vertreter der Gattung Dianthus]. Weiter gibt es rote und gelbe Rosen sowie violette Veilchen und himmelblauen Rittersporn. Um dem Honig Farbe und Duft zu verleihen, pflanzt man auch Safranzwiebeln aus Korykos und Kilikien.

COLUMELLA

werden wie das Veilchen.« Wie Vergil zählte Columella die Rosen zu den von Bienen bevorzugten Blühsträuchern.

Befolge man all seine Empfehlungen, wäre der von ihm beschriebene Blumengarten eine wahre Augenweide! Für die Römer, die das ganze Jahr über nach Rosen verlangten, waren Columellas Worte ein willkommener Rat.

Plinius der Ältere (23/24–79 n. Chr.) und Plinius der Jüngere (um 61–113 n. Chr.)

Einen weiteren Beitrag lieferte der Gelehrte Gaius Plinius Secundus Maior, auch Plinius der Ältere genannt. In seiner naturkundlichen Enzyklopädie *Naturalis Historia* (77 n. Chr.) schilderte er unter anderem, wie sich Rosen durch Wärme zu einer frühen Blüte anregen lassen. Sein Neffe, der Gelehrte Gaius Plinius Caecilius Secundus, auch Plinius der Jüngere genannt, befasste sich ebenfalls mit Rosen und beschrieb unter anderem, wie man Rosen pflanzt und vermehrt.

Palladius (spätes 4.–5. Jh.)

Gegen Ende des 4. Jahrhunderts verfasste Palladius Rutilius Taurus Aemilianus (kurz: Palladius) sein *Opus agriculturae*, ein 14-bändiges Werk über Landwirtschaft und Gartenbau. Palladius, dessen Schriften von Varro und Columella beeinflusst waren, befürwortete darin die Warmwassermethode, um eine frühe Rosenblüte zu erreichen.

Rosen für die Kaiser

Die römischen Kaiser – insbesondere Nero und Elagabal – verlangten nach Unmengen von Rosen. Ausgedehnte Anbaugebiete, um den Bedarf zu decken, gab es bei Praeneste (dem heutigen Palestrina, südöstlich von Rom), bei Leporia (nördlich von Neapel) und Paestum (südlich von Salerno) sowie im ägyptischen Nildelta und in Karthago (heute Tunesien). Vor allem Karthago war seinerzeit ein wichtiges Zentrum römischen Handels und Einflusses.

In Kapitel 3 (siehe S. 65) wurde bereits eine Rose mit einer zweiten Blütezeit im Herbst erwähnt. Ihre Beschreibung bezog sich vermutlich auf die Damaszener-Rose 'Autumn Damask', die zweimal im Jahr blühte: Auf die erste Blüte folgte oft eine Nachblüte im Herbst. Eine solche zweite Blüte war in römischer Zeit sehr willkommen. Da damals fast alle Rosen nur einmal blühten, könnte sich »zweimal blühend« aber auch auf einen gärtnerischen Trick beziehen: Rosen, die dank Gewächshäusern oder Warmwassertechniken früh in der Saison austrieben, und andere, die später blühten, was die Blühsaison verlängerte. Alternativ könnte man auch dieselbe Rosensorte zu unterschiedlichen Zeiten auspflanzen, wobei man den Austrieb dadurch bei einigen Pflanzen bremste und ihn bei anderen forcierte.

Plinius der Ältere erwähnte unter anderem die in Praeneste angebaute Essig-Rose, die spät in der Saison blühte und sehr begehrt war. Hinzu kam eine als »Rose von Kampanien« bekannte Form der *Alba*-Rose mit weißen, duftenden Blüten, die bei Leporia wuchs. Aus dieser Gegend stammte auch die »hundertblättrige« Rose, die man früher fälschlicherweise als Zentifolie bezeichnete, heute aber als Damaszener-Rose identifiziert hat. Trotz der bedeutenden Rosenanbaugebiete in Italien und verschiedenen von Gelehrten beschriebenen Methoden, um eine Herbstblüte zu erreichen, überstieg die römische Nachfrage nach Rosen noch immer das Angebot. Infolgedessen importierte man Rosen aus Ägypten und Karthago. Angeblich produzierte Paestum im Herbst des Jahres 89 n. Chr. so viele Rosen, dass in diesem Jahr keine Rosen aus dem Nildelta eingeführt werden mussten. Allerdings hatte der immense Rosenanbau dort einen Rückgang der Getreideproduktion zur Folge, wie der Dichter Horaz (65–8 v. Chr.) in seinen »Oden« beklagte:

O Nil, sind die römischen Rosen jetzt
viel feiner als die deinen?
Deiner Rosen bedürfen wir nicht länger,
aber schicke uns dein Getreide!

Horaz: *Oden*

Rosa damascena 'Celsiana' wurde nach dem Pariser Gärtner M. F. Cels benannt, er soll sie aus den Niederlanden eingeführt haben. Damaszener-Rosen werden wegen ihres Dufts geschätzt. Die hellrosa Blüte verblasst mit zunehmendem Alter zu Weiß.

RÖMISCHE LUSTGÄRTEN

DIE RÖMISCHE LANDWIRTSCHAFT umfasste auch den Anbau von Pflanzen, die als Schmuck dienten – allen voran Rosen, die für rituelle Zwecke verwendet wurden. In der Region Latium (zu der die heutige Vatikanstadt und Rom gehörten) beschränkten sich die Bauernhöfe allerdings auf den Anbau von Obst und Gemüse. Daher schrieb Cato der Ältere (234–149 v. Chr.) in seinem um 160 v. Chr. verfassten Werk *De Agri Cultura* (»Über den Ackerbau«), jeder Bauernhof sollte in Hausnähe auch Blumenbeete anlegen und Zierbäume pflanzen.

Columella beschrieb im zehnten Buch seines Werks *De Re Rustica* die Blumen eines Gartens als »jene irdischen Sterne [...], die Veilchenbeete öffnen ihr zwinkerndes Auge [...], die verlegene, bescheiden errötende Rose enthüllt ihre jungfräuliche Wange, der Hornmohn mit seinen gesunden Früchten und Mohnblumen, die rasch den flüchtigen Schlaf festhalten.«

Die an Obst, Gemüse und nun auch Blumen übervollen Bauerngärten boten der Landbevölkerung ein profitables Nebeneinkommen. Mit der Zeit wuchs die Nachfrage nach Blumen, denn der römische Lebensstil wurde immer luxuriöser. Girlanden schmückten die Tem-

RECHTS Das Gemälde »Glaukus und Nydia« (1867) von Lawrence Alma-Tadema basiert auf dem Roman »Die letzten Tage von Pompeji« (1834) von Sir Edward Bulwer-Lytton. Die Sklavin Nydia flicht darin eine Rosengirlande für ihren geliebten Herrn Glaukus.

pel und Rosen zierten beim Festmahl die Tische und bekränzten die Gäste.

Der römischer Lyriker Horaz (65–8 v. Chr.) schrieb: »Lasst nicht um der dauerhaften Petersilie noch der rasch vergänglichen Lilie willen die Rosen das Fest versäumen.« Blumen verschönerten auch die römischen Küchengärten. So beschrieb Horaz, wie Blumengärten um des bloßen Genusses wegen angelegt wurden und die im Garten angebauten Feldfrüchte immer mehr verdrängten. Kurzerhand erklärte er die Rose zum »Sinnbild der Unbeständigkeit und des Verfalls«. Seiner Verachtung für Prunksucht zum Trotz spielten Girlanden eine wichtige Rolle im Leben der Römer, besonders bei den Übergangsriten zu Geburt, Hochzeit und Tod. Und so empfahlen die frühen »Landwirtschaftsautoren« den Bauern ausdrücklich, Rosen und andere Blumen anzupflanzen. Die verbreitete Praxis, Rosen zur Herstellung von Girlanden anzupflanzen, passte besser zu Vergils pastoraler Stimmung als zur Genussskepsis von Horaz.

Die Gartenanlagen der Römerzeit

Im Italien der Römerzeit kamen Lustgärten in Mode. Und so verwandelten Roms kultivierte Kreise bisheriges Ackerland in aufwendig gestaltete Gärten ihrer herrschaftlichen Landsitze und Villen. Beispiele sind die Villa des Diomedes in Pompeji oder die Villa von Plinius dem Jüngeren in der Toskana. Letztere umfasste Plinius' Beschreibungen nach einen parkähnlichen Garten mit Hippodrom (eine in griechischer Zeit als Reitbahn genutzte, stadionähnliche Anlage, die in römischer Zeit Zirkus genannt wurde). In seinen »Villenbriefen« beschrieb Plinius den Weg um das Hippodrom: »Entlang des Weges stehen zudem auch Rosen (in den sonnigen, inneren Kreisen). [...] Beim Betreten blickt der Besucher – umweht von ihrem Duft – auf den Rosengarten.«

Die von Plinius dem Jüngeren überlieferten Details beschreiben die Hauptmerkmale römischer Lustgärten. Die formalen Gestaltungselemente ägyptischer und griechischer Gärten, die eine Verbindung zwischen Haus und Garten herstellten, wurden fortgeführt. Eine typische Villa besaß einen langen Portikus, der sich zu einer Terrasse hin öffnete. Dieser wurde als *Xystus* (Weg) bezeichnet. Er war gewöhnlich grasbewachsen, aber auch Veilchen, Krokusse, Lilien und Rosen wuchsen hier. Letztere verdeutlichen die Bedeutung von Rosen in der römischen Kultur. Die äußeren Ränder der *Xysti* säumten oft Buchsbäume oder andere Sträucher, die fantasievoll in Form geschnitten waren. Zwischen die Sträucher wurden Marmorvasen bzw. Brunnen platziert. Beispiele hierfür sieht man auf Wandmalereien der Villa di Livia im römischen Stadtteil Prima Porta sowie auf den Gartenfresken Pompejis. Der *Xystus* überblickte die *Ambulatio*, einen niedrigeren Gartenteil, der für Spaziergänge vorgesehen war. Als weiterer Gartenbereich bot die *Gestatio* schattige Alleen für Ausritte.

Roms Oberschicht gestaltete ihre Gärten, Refugien und Villen mit viel Leidenschaft. So war z. B. Cicero (106–43 v. Chr.), einer der großen römischen Staatsmänner und Redner, vom Landleben so begeistert, dass er 18 Landgüter besaß! Aber auch die Lustgärten in den Städten breiteten sich immer weiter aus und umgaben Rom wie ein grüner Gürtel. Jedes dieser Gartenanwesen war einzigartig. Zeugnisse davon findet man heute noch in der Villa d'Este in Tivoli, der Villa Aldobrandini in Frascati und im Palazzo Barberini in Rom, die am Ort der einst berühmten Gärten von Hadrian, Lucullus und Nero errichtet wurden.

LINKS Auf diesem Fresko aus dem »Haus des goldenen Armreifs« in Pompeji zeigt eine rote Rose alle Stadien der Rosenblüte: Knospe, Entfaltung und volle Blüte. Gut erkennbar sind auch die vielen Stacheln. Zu den weiteren Pflanzen auf dem Bild zählen Lorbeer, Mohn und Ringelblumen.

DIE ROSE – LIEBLINGSBLUME DER RÖMER

Der Dichter Horaz spottete, die Felder Italiens würden »in eine einzige große Gärtnerei verwandelt« und städtische Beamte befürchteten gar, Rosen könnten zu Trunkenheit führen. Denn dank enormer Verkaufsgewinne hatten ihre Verkäufer viel Geld für Alkohol. Die Bauern brachten große Tragekörbe voll mit geschnittenen Blüten auf die Märkte, erzielten mit ihrem Verkauf hohe Gewinne und kehrten »von Wein durchtränkt, torkelnden Ganges und mit prall gefülltem Geldbeutel« heim.

Die Rosenliebe der Römer trieb viele kuriose Blüten. So soll Julius Cäsar, um Kleopatra zu gefallen, seine Glatze unter Rosenkränzen verborgen haben. Ein anderer bekannter Römer, Gaius Verres (um 120–43 v. Chr.), reiste als Statthalter Siziliens auf einem mit Rosenblättern gefüllten Kissen sitzend durchs Land. Damit sowie durch das Tragen von Rosenkränzen erregte er den Argwohn seiner Zeitgenossen. So kritisierte Cicero (106–43 v. Chr.) den verschwenderischen Lebensstil des Statthalters, für den das Volk hohe Steuern entrichten musste. Neben derlei luxuriösem Gebrauch dienten Rosen aber auch dazu, die schlechten Gerüche des einfachen Volks zu überdecken.

RECHTS Auf dem Gemälde »Antonius und Kleopatra« von Lawrence Alma-Tadema (1883) empfängt die ägyptische Königin Mark Anton auf einer rosengeschmückten Barke. Umgeben von Dienern thront sie auf ihrem Boot, das über und über von Blüten und exotischen Düften erfüllt ist.

KLEOPATRA UND IHR(E) ROSENLIEBHABER(EI)

Im Zentrum der unsterblichen Liebesgeschichte von Kleopatra VII. (69–30 v. Chr.) und Mark Anton (81–30 v. Chr.) steht die Rose. Die Königin ließ anlässlich eines Besuchs ihres Geliebten sogar den Boden ihres Bankett- bzw. Thronsaals 60 Zentimeter hoch mit Rosen bedecken. Vielleicht waren es sogar die Berichte über dieses Ereignis, die die Vorliebe der Römer noch steigerten, Feste und Feierlichkeiten mit Unmengen an Rosenschmuck zu begehen.

Eine weitere Anekdote berichtet, Kleopatra habe ihren Sklaven befohlen, die Segel ihrer berühmten Barke mit Rosenwasser zu tränken. Die Meeresbrise sollte dem Geliebten süße Duftschwaden zufächeln, damit die Königin ihm stets im Gedächtnis blieb.

Verschwenderische Verwendung von Rosen

Wer hätte gedacht, dass Rosen tödlich sein können! Welch außerordentliche Verschwendung mit Rosen getrieben wurde, zeigte sich im frühen 1. Jahrhundert n. Chr.: In seinem 2006 erschienenen Buch über magische Liebessymbole führte der neuseeländische Autor und Magier Richard Webster an, dass Nero (37–68 n. Chr.), ein überaus skrupelloser römischer Kaiser, bei einem einzigen Bankett 4 Millionen Sesterzen (heute etwa 11 Millionen Euro) für Rosen ausgab! Und damit nicht genug: Bei einer weiteren Feier gab er 6 Millionen Sesterzen (etwa 16 Millionen Euro) für Rosen aus. Ein anderes Mal ließ er den gesamten Strand von Baiae bei Neapel mit Rosen im Wert von 2 Millionen Sesterzen (5,4 Millionen Euro) bedecken.

Nero ließ auch bei seinen Festmahlen Rosenblütenblätter auf die Gäste herabfallen. Er ersann sogar verschiedene Methoden, um die Blütenblätter von der Decke regnen zu lassen. Angeblich wurden für diese legendären Orgien Millionen von Rosenblüten benötigt und es hieß, Gäste, die sich auf den Liegen miteinander vergnügten, seien buchstäblich unter dem Gewicht der duftenden Last erstickt. Was für ein Ende!

Eine an diese Feiern Neros erinnernde Szene beschrieb der Schriftsteller Lucius Apuleius (124–170 n. Chr.) in seinem Roman »Metamorphosen«, auch bekannt als »Der goldenen Esel«: »Venus, ermattet vom Wein, hatte den gesamten Leib mit leuchtenden Rosen umwunden [...]«. Rosen spielen auch im elften Buch des Romans eine wichtige Rolle. Darin rät die ägyptische Göttin Isis der Hauptfigur Lucius, der durch ein Versehen in einen Esel verwandelt wurde, er solle die Blütenblätter eines Rosenkranzes essen, den ein Priester bei einer religiösen Prozession trage. So könne er seine menschliche Gestalt wiedererlangen.

Viele Jahre nach Nero plante der römische Kaiser Elagabal (um 203–222 n. Chr.) zum Antritt seiner Regentschaft (im Alter von 14 Jahren) ein denkwürdiges Fest – was ihm zweifellos gelang: Alle Gäste wurden im Festsaal eingeschlossen, um ihre Aufmerksamkeit allein auf das von Elagabal ersonnene Spektakel zu lenken. Dann überschüttete man sie dreimal mit Rosen. Die Menge an Blütenblättern war so gewaltig, dass mehrere Menschen darunter erstickten. Ironischerweise kamen auch bei römischen Bestattungen Rosen in Hülle und Fülle zum Einsatz.

Derartige Exzesse stießen allerdings auch auf Kritik. So trat Cato der Ältere (234–149 v. Chr.), ein römischer Senator und Staatsmann, für strenge Sitten ein: Er erklärte, zu jedem kleineren militärischen Anlass Rosenkränze zu tragen, schmälere deren eigentliche Bedeutung als Siegesschmuck. Der römische Geschichtsschreiber Tacitus (56–117 n. Chr.) schrieb über die Erste Schlacht von Bedriacum: »Als Kaiser Vitellius das mit

Leichen übersäte Schlachtfeld von Bedriacum in Norditalien besuchte, streute man ihm Lorbeer und Rosen auf den Weg, was hieß, dass ihm die Ehre des Sieges gehörte.« Obwohl Vitellius (15–69 n. Chr.) nicht persönlich an den Kämpfen teilgenommen hatte.

OBEN »Ein Festmahl in Neros Palast« (um 1910) ist eine Illustration zum Roman »Quo Vadis?« von Henryk Sienkiewicz. Bei seinen opulenten Festen gab Nero Unsummen für Blumenkränze und Rosengeschenke an Freunde aus. In den Speisesälen ließ er Deckenpaneele anbringen, die sich zurückschieben ließen, um die Gäste mit Blütenblättern zu überschütten.

»Die Rosen des Elagabalus«

Das Gemälde von Sir Lawrence Alma-Tadema (1836–1912) »Die Rosen des Elagabalus« (1888) thematisiert die Egomanie des jungen Kaisers Elagabal. Die römische Geschichte beschreibt ihn als Person von schlechtestem Ruf und abstoßendem Lebenswandel. Er wurde im Alter von 18 Jahren ermordet.

Der Künstler Alma-Tadema ist für seine Darstellungen des römischen Lebens und seiner Exzesse bekannt. Sein Bild stellt den Moment dar, in dem die Gäste unter dem enormen Gewicht von Millionen Blütenblättern ersticken. Die Inspiration für das Bild entstammte der *Historia Augusta* (»Kaisergeschichte«). In der Biografie Elagabals werden »Veil-

chen und andere Blumen« beschrieben, die von den Deckenplatten hinabfielen.

Rosen, Prasserei und Wein

Die Verknüpfung von Rosen mit Wein und Gelagen stammt aus der Blütezeit des Römischen Reichs: Bei Festen sollten Rosenkränze die Stirn kühlen und dem Geruch von »abgestandenem Wein« entgegenwirken. Rosendekor an der Decke symbolisierte dagegen Verschwiegenheit und verpflichtete zu Stillschweigen über alles, was nüchtern oder betrunken im Raum geäußert wurde.

Ende des 4. Jahrhunderts war Rom nur noch dem Namen nach Hauptstadt des römischen Imperiums. Nach der Reichsteilung von 395 n. Chr. in ein Ost- und ein Westreich konzentrierte sich die politische Macht nun auf andere große Städte wie Konstantinopel und Mailand. Lehrer und Freund des Kaisers des Westreichs war der Dichter Decimus Magnus Ausonius (um 310–395 n. Chr.). Nachdem er sich aus der Politik zurückgezogen hatte, wendete er sich der Dichtung und seinem Rosengarten zu. Ihm wurde (ebenso wie Vergil) auch das berühmte klassische Gedicht *De Rosis Nascentibus* zugeschrieben. Ausonius' Beschreibungen (siehe Kasten oben) preisen die herrlichen Rosengärten von Paestum. Ebenso wie Plinius der Ältere war auch Ausonius ein kultivierter Gelehrter und es ist anzunehmen, dass auch in seinem Garten seinerzeit beliebte Rosen blühten, wie von Plinius beschrieben. In den römischen Gärten der Antike waren dies *Rosa gallica, Rosa phoenicea, Rosa damascena* (»Rose von Paestum«), *Rosa moschata, Rosa canina* und – mit den bekannten Vorbehalten – *Rosa centifolia*.

Ich sah von Tau glänzende Rosenbeete, just wie jene in Paestum. […] So lang wie ein Tag, so lang ist das Leben der Rose. Ihre Jugend und das Alter gehen Hand in Hand. […] Obgleich die Rose in wenigen Tagen sterben muss, treibt sie von Neuem und verlängert ihr eigenes Leben. Deshalb, Mädchen, sammle die Rosen, solange ihre Blüten und deine Jugend frisch sind, und bedenke, dass auch deine Lebenszeit hinforteilt.

AUSONIUS: *De Rosis Nascentibus*, nach der Fassung von Hugh G. Evelyn White, *On Budding Roses* (1921)

LINKS Das Gemälde »Die Rosen des Elagabalus« (1888) von Sir Lawrence Alma-Tadema fängt mit großem Detailreichtum die riesige Menge an herabfallenden Blütenblättern ein. Der junge Kaiser sieht dabei zu, wie seine Gäste unter dem Gewicht der Rosenblätter ersticken.

ÜBERLIEFERTE ROSEN

IN DEN RUINENSTÄDTEN vor den Toren Neapels – in Pompeji und Herculaneum – finden sich zahlreiche Belege für die überbordende Rosenliebe im antiken Rom. Der Ausbruch des Vesuvs im Jahr 79 n. Chr. konservierte den Alltag ihrer Einwohner und hielt ihn für die Nachwelt fest. Pompeji wurde unter einer bis zu vier Meter dicken Schicht aus vulkanischem Schutt begraben. Herculaneum versank sogar unter bis zu 7,5 Meter Schutt, wodurch auch die Obergeschosse von Häusern erhalten blieben.

LINKS Ausschnitt aus einem Gartenfresko an der Nordwand im »Haus des goldenen Armreifs« in Pompeji. Vögel, Blumen, Lorbeerbüsche und Laubwerk umrahmen darin einen Brunnen.

In einem Brief an Tacitus beschrieb Plinius der Jüngere die Szene:

> *Einem so gelehrten Mann wie meinem Onkel erschien jenes Phänomen [der Ausbruch des Vesuvs] außergewöhnlich und einer Untersuchung wert. Er befahl, ein leichtes Schiff zu rüsten, und lud mich ein, ihn zu begleiten, wenn ich wolle. Ich antwortete aber, ich würde lieber meine Arbeit fortsetzen. Und tatsächlich hatte er mir eine Schreibarbeit aufgetragen!*
>
> Nach *Epistulae*, VI.16

Für einige Häuser ist beschrieben, dass ihre Wände Gemälde mit floralen Themen zierten, darunter auch Rosen. Über das »Haus der Venus in der Muschel« wird erzählt, dass sein Besitzer den Garten so sehr liebte, dass er nach einem Erdbeben, das sein Anwesen beschädigte, zuerst den Garten wiederherstellte, bevor er sich dem Haus zuwandte. Dessen Fresken zeigen Szenen mit Tauben, Brunnen und Blumen. Im »Haus mit dem Obstgarten« sind zahlreiche Baumarten abgebildet, und im dortigen Garten sollen angeblich auch Rosen angepflanzt worden sein. Im »Haus des goldenen Armreifs« hingegen haben sich verschiedene Fresken mit Gartenszenen gut erhalten, darunter eine mit Vögeln und Rosen. Die zum Wohnbereich gehörenden Peristyle enthielten Blumenbeete, Pflanzgefäße, Brunnen, Wasserbecken und Statuen.

DER TOD PLINIUS' DES ÄLTEREN

Plinius der Ältere starb am 25. August 79 n. Chr. beim Ausbruch des Vesuvs. Er erlangte Bedeutung durch seine naturkundlichen Schriften wie die *Naturalis historia* (»Naturgeschichte«). In ihrer Kulturgeschichte des Gartens würdigt Penelope Hobhouse sein Vermächtnis: »Die *Naturalis historia* war eine enzyklopädische Zusammenstellung des seinerzeit bekannten Wissens und blieb für das gesamte Mittelalter ein wichtiges Nachschlagewerk.«

EIN GEWÖHNLICHER RÖMISCHER GARTEN

Nicht nur die Wohlhabenden und Einflussreichen hatten Gärten. Beispiele für einen normalen römischen Garten sehen wir in Pompeji, wo Stadthäuser an die Größe der Grundstücke angepasst errichtet wurden. Zu einem alten italischen Atriumhaus in der Stadt Pompeji gehörte ein kleiner, rückwärtiger Garten, den die Seitenwände des Hauses sowie eine Querwand am hinteren Ende einfassten.

Römische Rosen im Überfluss

Die Gartenbauhistorikerin Jennifer Potter beschreibt, wie allgegenwärtig Rosen in Pompeji und Herculaneum waren. Die Gärten enthielten all das – von Blumen bis hin zu Gemüse –, was sich auch in den Fresken und Verzierungen reichlich zeigte. Entsprechend der Erkenntnisse der in Pompeji tätigen Archäologin Wilhemina F. Jashemski (1910–2007) beschreibt Potter, wie »italienisches Flair das hellenistische Peristyl in einen ›lebenden, atmenden Garten‹ verwandelt hatte«. In Pompeji und Herculaneum bauten die Gärtner dekorative Pflanzen für Heilmittel und Kränze an. So wuchsen im Garten des »Hauses der keuschen Liebenden« unter anderem Rosen, Wacholder und Artemisien.

Darüber hinaus entdeckten Archäologen einen Blumengarten, in dem neben duftenden Lilien, Veilchen und Rosen

auch Oliven wuchsen, die das Basisöl für die Mazeration der Blüten lieferten. Funde von Terrakotta- und Glasbehältern weisen zudem darauf hin, dass hier Parfüm hergestellt und verkauft wurde.

Medizinische und praktische Nutzung von Rosen

Wie die Griechen nutzten auch die Römer viele Rosenarten für medizinische Zwecke. So beschrieb Plinius im Jahr 77 n. Chr. Rosen als adstringierend und listete 32 verschiedene Heilanwendungen auf. Alle Teile der Blüte lieferten Heilmittel für Beschwerden verschiedener Körperbereiche wie Kopf, Ohren, Mund, Zahnfleisch, Mandeln, Magen oder Gebärmutter. So träufelte man Rosenpresssaft in die Ohren, gurgelte damit bei Zahnfleisch- und Mandelproblemen und schluckte ihn gegen Kopf- und Magenschmerzen. Mit Essig vermischt, bekämpfte man damit Schlaflosigkeit, Übelkeit und Fieber. Laut Plinius linderten Rosenkränze auch den von Wein verursachten »Schmerz im Kopf« auf »sehr erfrischende Art« (nach Jennifer Potter: »The Rose: A True History«). Neben Rosen galten auch Petersilie, Efeu und Myrte als Mittel gegen Trunkenheit.

Getrocknete Rosenblütenblätter sollten, als Pulver, schweißhemmend und die Augen kühlend wirken, und mit verkohlten Blütenblättern pflegte man wunde Haut. Außerdem sollten Rosenblüten den Schlaf fördern. Bei Darmproblemen und Blutungen gab man die Blüten in ein Getränk. Die getrockneten Samen hingegen wurden bei Zahnschmerzen und Magenproblemen sowie als harntreibendes Mittel verwendet. Rosengallen wurden, mit Fett vermischt, gegen Kahlheit eingesetzt und mit der Wurzel der Hundsrose wurde die tollwutbedingte Hydrophobie bekämpft. Dem Inhalieren von Rosenduft sagte man nach, er sei wirksam, um »den Geist zu klären«.

RECHTS Diese römische Wandmalerei zeigt eine junge Frau, die Parfüm in einen Flakon gießt (Villa Farnesina, Rom, um 10 n. Chr.).

ROSEN (UND VEILCHEN) IN SAGE UND SCHMUCK

IM ANTIKEN ROM standen Rosen für Jugend, Schönheit, Lust und Fruchtbarkeit und dienten sogar als Totenschmuck. Wie in der griechischen Mythologie tauchen Rosen in vielen Sagen auf. Schließlich hatte die griechische Götterwelt ihre jeweiligen römischen Entsprechungen, sodass sich die Sagen ähnelten.

Der Mai war im alten Rom die Zeit der *Floralia*, eines alljährlichen Festes zu Ehren der Flora (lateinisch für »Blume«), Göttin der Blumen, der Fruchtbarkeit und des Frühlings. Auf sie soll auch das Wort »Rose« zurückgehen. So wurde Flora der Legende nach von einem Pfeil Amors getroffen, woraufhin sie seinen griechischen Namen, »Eros«, ausrief. Der Schmerz erstickte jedoch ihre Stimme, wodurch der Ausruf zu »Ros« verkürzt wurde. So entstand die Verbindung zwischen dem Wort »Rose« und dem Liebesgott Amor (Eros).

Flora ist auf vielen Kunstwerken abgebildet und wird oft mit Rosen dargestellt. Angelehnt an Ovids Lehrgedicht *Fasti* stellt das Gemälde »Primavera« des italienischen Renaissancemalers Sandro Botticelli die Verfolgung der Nymphe Chloris durch den Gott des Westwinds Zephyr dar. Nachdem er sie zu seiner Frau gemacht hat, wird sie zur lebensspendenden Frühlingsgöttin Flora, die in der Darstellung Boticellis Rosen verstreut. Die ländliche Szenerie ist aufwendig ausgeführt und enthält 500 bestimmbare Pflanzenarten, darunter 190 verschiedene Blumen.

LINKS Das Gemälde *Primavera* (»Frühling«, um 1482) von Sandro Botticelli zeigt die Göttin Flora inmitten von 500 identifizierbaren Pflanzenarten, darunter 190 verschiedene Blumen.

Rosen als Symbole für Tod und Auferstehung

Rosen repräsentierten sowohl den Tod als auch die kommende Auferstehung. Ein Beispiel waren die *Rosalia*, ein üblicherweise im Mai, bisweilen auch erst Mitte Juli stattfindendes Totengedenkfest, an dem die Gräber mit Frühlingsblumen geschmückt wurden. Neben Rosen wurden auch Veilchen für diese Feste genutzt – wodurch sich der Zeitraum verlängern ließ, in dem die Gedenkfeiern stattfinden konnten. Die frühe Blüte der Veilchen markierte dabei den Beginn der Feierlichkeiten, die spätere der Rosen ihr Ende.

Das *Rosalia*-Fest entsprang der Sitte der alten Römer, die Toten zu ehren, in-

ROSALIAE SIGNORUM

Das Militär beging eigene Rosenfeste, die *Rosaliae Signorum*. Zur Erinnerung an die im Kampf Gefallenen schmückte man die Standarten mit Girlanden aus Rosen und Veilchen. Die Blüten versinnbildlichten Leben und Tod, und ihre Farben standen für das vergossene Blut.

dem man Blumen an den Grabstätten niederlegte. Es wurde aber auch mit Kulthandlungen zu Ehren von Adonis, Dionysos und anderen Gottheiten in Verbindung gebracht. So wurden Rosen im Rahmen religiöser Kulthandlungen auch Statuen geopfert, die eine Gottheit oder ein anderes Objekt der Wertschätzung repräsentierten.

Zwar hatten bereits die Griechen bei ihren Bestattungsriten Rosen verwendet, in Rom, wo sie ebenso unverzichtbar waren wie im alltäglichen Leben, hatten sie jedoch eine noch stärkere Verbindung mit dem Tod: Der Leichnam wurde mit Blumen geschmückt, und am Grab fand ein feierliches Mahl statt. Wohlhabende Römer hinterließen große Summen, um fortlaufende Opfergaben an Speisen, Wein, Weihrauch, Früchten und Blumen aller Art – insbesondere Veilchen und Rosen – zu bezahlen. Zudem verfügten sie oft in ihren Testamenten, wie die Rosen bei ihren jeweiligen *Rosaliae* zum Einsatz kommen sollten.

Für den Rosenschmuck und die jährlich an den Begräbnisorten stattfindenden Feiern stellten sie Geldmittel bereit, sodass diese zu einem immerwährenden Rosenfest wurden. Die Rosen symbolisierten dabei den Fortbestand der Seele. Die britische Archäologin Jocelyn Toynbee zitierte hierzu in ihrem 1971 erschienenen Werk über Tod und Begräbnis im alten Rom folgende Grabinschrift: »Hier liegt Optatus, ein Kind, das seine Frömmigkeit adelte: Ich bete darum, dass seine Asche zu Veilchen und Rosen werde [...].«

> *Besprenkle meine Asche mit reinem Wein*
> *und duftendem Nardenöl:*
> *Bring auch Balsam mit, Fremder, mit*
> *karminroten Rosen.*
> *Nicht gestorben bin ich, sondern habe*
> *meinen Zustand verändert.*
>
> J. M. C. Toynbee, 1996

Römische Gräber, wie beispielsweise die in Pompeji, waren oft bepflanzt oder von Gärten umgeben und lagen an belebten Wegen in die Stadt. Dabei symbolisierten Rosen auch eine über den Tod hinausgehende Verbindung mit den Lebenden – so legt es zumindest das oben nach J. M. C. Toynbee zitierte Epitaph des römischen Dichters Ausonius (um 310–395 n. Chr.) nahe. Als das Christentum schließlich zur Staatsreligion des Römischen Reichs wurde, verloren weltliche Blumenfeste stark an Bedeutung. Wegen ihrer Verbindung zu Venus galten Rosen nun sogar als anrüchig.

Blumengirlanden

Rosen und Veilchen symbolisierten nicht nur Tod und Verlust, sondern wurden für viele Anlässe zu Schmuckgirlanden verarbeitet: von rauschenden Festen bis hin zu erotischen Freuden. Lateinische Texte assoziieren Veilchen und Rosen mit einem sorglos vergnügten Zustand. So begingen die Römer vor Christi Geburt das Ende des Winters mit einem rituellen Bad und dem Opfer der ersten Frühlingsrosen an die Venus Verticordia, die »Herzenswenderin«. Frisch gereinigt, war man für die nächste Saison der Ausschweifungen bereit.

Besonders zu festlichen Anlässen war es in Rom wie in Griechenland üblich, Kränze und Girlanden zu tragen. Girlanden aus Rosen und Veilchen waren bei den Römern am beliebtesten. Man legte sie zu verschiedensten Anlässen an – von Hochzeiten bis zu Trinkgelagen.

Eine Verbindung zum Göttlichen

Rosen waren Blumen, die mit vielen Göttern und Göttinnen in Verbindung standen. Sie hatten eine große symbolische Aussagekraft. In den Sagen der Römerzeit wurde die griechische Liebesgöttin Aphrodite zu Venus, der die Rose ebenfalls heilig war. Um sie rankt sich eine berühmte Geschichte. Sie beginnt mit dem griechischen Gott Uranos (lateinisch Uranus), der den Himmel verkörperte, und seiner Gattin Gaia, die die Erde personifizierte. Uranos und Gaia zeugten gemeinsam viele Kinder, doch Uranos fürchtete, sie würden ihn eines Tages stürzen, und verbannte alle seine Kinder unter die Erde. Das erzürnte Gaia, die eine Sichel schuf, um Uranos zu töten und ihre Kinder zu befreien. Ihrem Sohn Kronos (Saturn) gelang es, Uranos mit der Sichel zu entmannen und seine Genitalien ins Meer zu werfen. Aus dem mit Blut und Samen aufschäumenden Meer wurde Aphrodite (Venus) geboren.

Sandro Botticellis »Geburt der Venus«, ein Gemälde aus dem 15. Jahrhundert, illustriert diese Geschichte. Es zeigt rosafarbene Rosen, die dort wachsen, wo der Meeresschaum die Erde berührt. Das vermutlich Mitte der 1480er-Jahre entstandene Bild zeigt die als erwachsene Frau aus dem Meer aufgestiegene Göttin Venus. Auf Griechisch heißt diese Darstellungsform Venus Anadyomene (»Venus, die Entsteigende«), worauf auch der Titel des Tizian-Gemäldes »Venus entsteigt dem Meer« hinweist. Venus wurde auf vielen Gemälden dargestellt und oft mit Rosen, den Symbolen für Liebe und Schönheit, abgebildet.

Diese Verbindung zeigt auch eine bereits schon erwähnte römische Sage, die sich um den Weingott Bacchus und den Liebesgott Amor rankt. Darin stieß Amor mit seinem Flügel eine Schale mit Wein um, die neben Bacchus auf einem Tisch stand. Aus dem verschütteten Wein wuchs ein Rosenbusch. Als ein Symbol der Schönheit wurde diese Rose der Göttin Venus geweiht.

RECHTS »Die Geburt der Venus« (um 1485) von Sandro Botticelli zeigt die aus dem Meeresschaum geborene Venus, die vom Westwind Zephyr und der Nymphe Chloris an Land getrieben wird. Sie wird mit Rosen in zartem Rosa überschüttet und eine Magd erwartet die Göttin, um sie zu bekleiden.

Rosa leucantha
Loiseleur

Es kommt eine Zeit der Heiligkeit und des Erkennens, in der jede Berührung mit der Schönheit das Herz zu Tränen rührt. Das ist die Zeit, in der das geliebte Wesen des Himmels sanft zur Erde gelangt. Das ist die Zeit, da die Rose erblüht.

Rumi zugeschrieben, nach der
Fassung von Hazrat Inayat Khan (2011)

5

ROSEN UND RELIGIONEN

(um 400–1500)

Die antike Vorstellungswelt, nach der Rosen Gottheiten verkörperten, war für die frühen Christen Ketzerei. Auch die Vorstellung, im Landleben Trost und Schönheit zu finden, und die Wertschätzung der Natur, wie sie Vergil und Plinius beschrieben hatten, gerieten im frühen Christentum in Vergessenheit. Fast das gesamte römische Erbe – seien es die technisch hoch entwickelten Bewässerungssysteme oder die städtischen Gärten – ging verloren. So wurde die Kunst des Gärtnerns vor allem zu einer Domäne christlicher Mönche und Nonnen, die das Verständnis und Wissen über den Anbau von Rosen bewahrten.

FRÜHE CHRISTLICHE ROSENGÄRTEN

IN GEGENSATZ zu den römischen *Rosalia*-Festen spielten Blüten im frühen Christentum bei Festlichkeiten oder Begräbnissen keine Rolle. Blumen und insbesondere Rosen, die zu Kränzen und Girlanden geflochten waren, verband man mit heidnischen Gottheiten, mit Trunkenheit und Ausschweifungen, mit Götzendienst und einem unchristlichen Lebenswandel.

So äußerten sich beispielsweise der christliche Autor Tertullian (um 155–240 n. Chr.) und der frühchristliche Theologe Clemens von Alexandria (um 150–215 n. Chr.) missbilligend über das Tragen von Girlanden und Kränzen. Ab dem 4. Jahrhundert lockerten sich diese strengen Vorstellungen jedoch (siehe Kasten rechts). Und glücklicherweise blieben einige römische Werke zur Gartenkunde erhalten, so etwa diejenigen von Varro, Columella und Plinius sowie die Naturbeschreibungen in Vergils *Georgica*. Mit der Ausbreitung des Christentums ging eine neue Gesell-

Der christliche Dichter Prudentius (348–um 405 n. Chr.) »scheute sich nicht, seine Brüder aufzufordern, die Gebeine, die die Stimme des Allmächtigen eines Tages wieder zum Leben erwecken würde, mit Veilchen und grünem Laub zu bedecken und mit aromatischen Düften zu umgeben«.

SAMUEL B. PARSONS:
Parsons on the Rose (1819–1906)

schaftsordnung und damit auch neuartige Gartenkonzepte einher. Letztere lassen sich anhand von Berichten und Beschreibungen, Fresken und anderen bildlichen Darstellungen rekonstruieren, die christliche Mönche und Nonnen anfertigten. So haben wir genaue Informationen darüber, wie mittelalterliche Gärten aussahen und welche Pflanzen darin wuchsen.

Bis zum Jahr 1500 gewannen Rosen in den Gärten wieder an Bedeutung. Karl der Große (742–814 n. Chr.), der 800 n. Chr. zum römischen Kaiser gekrönt wurde, nutzte seinen Einfluss, um Anbau und Verarbeitung von Rosen zu fördern. Für die Gärten der Krongüter verfügte er den Anbau verschiedener Pflanzen, darunter vor allem auch Rosen. In seiner Landgüterverordnung *Capitulare de villis* hieß es:

… es ist unser Wunsch, dass sie [die königlichen Ländereien] in ihren Gärten alle Arten von Pflanzen haben mögen: Lilie, Rosen, Bockshornklee, Frauenminze, Salbei, Weinraute, Eberraute, Gurken, Zuckermelonen, Flaschenkürbisse, Kuhbohne, Kreuzkümmel, Rosmarin, Kümmel, Kichererbse, Meerzwiebel, Siegwurz […].

Capitulare de villis (um 771–800 n. Chr.)

OBEN Karl der Große ließ den ersten Rosengarten Frankreichs anlegen. Seine Pflanzliste enthielt zahlreiche Stauden sowie 17 ausdauernde Bäume und Sträucher. Auch die Hundsrose zählte zu dieser Liste.

Der Historiker John Harvey (1911–1997), ein Spezialist für die frühe Gartenbaugeschichte, weist insbesondere auf den Plural des Wortes »Rosen« hin, der vermuten lässt, dass mehr als eine Rosensorte in den Gärten Karls des Großen angepflanzt wurde.

Die ersten Gärten nördlich der Alpen legten im Mittelalter Benediktinermönche und -nonnen an. Die Gartenpläne des Schweizer Klosters St. Gallen (um 820 n. Chr.), einer Hauptabtei der Benediktiner, sind ein einzigartiges Relikt jener Zeit. Das erstaunlich gut erhaltene Dokument weist gesonderte Gartenbereiche aus, darunter 16 Gartenbeete mit einem Nutzgartenbereich für Kräuter und Heilpflanzen sowie Lilien und Rosen. In 18 weiteren Beeten, dem sogenannten *Hortus*, zog man Pflanzen, die als Altarschmuck dienten und zu denen ebenfalls Rosen gehörten.

DIE RÜCKKEHR DER ROSEN

SCHON PERSISCHE GÄRTEN waren von vier Mauern umgeben, die für Abgeschiedenheit und Vollendung standen. Das Innere des Gartens war in der Art eines geometrischen Mandalas angelegt. Der altpersische Begriff für einen solchen ummauerten Garten, *Paradaidha*, wurde in vielen europäischen Sprachen entlehnt und im Deutschen zum Wort »Paradies«. Der von vier Mauern umgebene mittelalterliche Rosengarten übernahm diese Vorstellung eines »Paradiesgartens«.

Die Gärten, die bis zum 12. Jahrhundert entstanden, sollten der gängigen Vorstellung vom Garten Eden entsprechen. In den Gartenbereichen innerhalb der Kreuzgänge von Klöstern und Stiften legte man auch Rosengärten an. Alanus de Insulis (Alain de Lille, 1116–1202), ein französischer Dichter und Theologe, beschrieb diese Gärten als irdische Paradiese – »ein Ort des ewigen Frühlings, lodernd vor Rosen, die nie welken oder sterben«.

Wie der islamische Garten für die Muslime hatte der umschlossene Garten (lateinisch: *Hortus conclusus*) auch im Christentum eine heilige Bedeutung. Beide Religionen sahen den Ursprung dieses idealisierten Gartens im Paradies auf Erden. Die Bepflanzung dieses umhegten Gartens im Innenhof oder Kreuzgang eines Klosters stand aber nicht nur für das Paradies, sondern auch für die göttliche und die romantische Liebe. Ihrer symbolischen Bedeutung wegen pflanzte man dort oftmals auch Rosen: rote Rosen für das Blut Christi und weiße Rosen für die Reinheit der unbefleckten Empfängnis.

Den besonderen Stellenwert, den für Griechen und Römer Veilchen und Rosen besaßen, hatten im Mittelalter Lilien und Rosen. Dabei spielten auch die überlieferten gartenkundlichen Lehrbücher und Texte der Römer wie Varro, Cato, Columella und Palladius eine wichtige Rolle, die in den Klöstern weitverbreitet waren. So waren Gärten im Mittelalter ein wesentlicher Bestandteil des Lebens: Im »kleinen Garten Eden« eines Klosters erfreuten sich die Mönche oder Nonnen an der Schönheit der Natur. Der Zisterzienser Gilbert von Hoyland (um 1100–1172) schrieb, eine fruchtbare Landschaft könne »eine sterbende Seele wiederbeleben und die Härte eines von der Andacht unberührten Geistes erweichen«.

Die frühen Klöster und ihre Gärten entwickelten sich zudem zu Zentren der Heilkunst. Hervorzuheben ist dabei die Äbtissin Hildegard von Bingen (1098–1179), die in den Klöstern Rupertsberg (1150) und Eibingen (1165) wirkte und als Begründerin der deutschen Naturkunde gilt. Schon früh schrieb sie: »Die Erde erhält die Menschheit. Sie darf nicht verletzt werden, sie darf nicht zerstört werden« – eine wichtige Aussage, die gerade heute angesichts der Klimaproblematik aktuell ist. Die verschiedenen Pflanzen ordnete sie in ihren Schriften den Kategorien Zier-, Natur- und Nutzpflanzen zu und beschrieb zahlreiche medizinische Anwendungen von Kräutern. Rosen hingegen – wie auch Madonnenlilien, Veilchen, Schwertlilien und Echten Lorbeer – zählte sie zu den Zierpflanzen.

RECHTS Die »Madonna im Rosenhag« (1473) von Martin Schongauer zeigt die Muttergottes in einem umfriedeten Rosengarten – ein typisches Sujet der Epoche. Maria ist von großblütigen roten Rosen umgeben. Die einzelne weiße Rose in ihrer Nähe symbolisiert ihre jungfräuliche Reinheit.

ROSENSYMBOLIK IN EINER RELIGIÖSEN WELT

BESTIMMTE PFLANZEN spielten auch im kirchlichen Kalender eine wichtige Rolle. In ihrem 1995 erschienenen Werk über die Gärten des Mittelalters schrieb die Historikerin Sylvia Landsberg: »Zu den Pflanzen gehörten Echter Lorbeer, Stechpalme und Efeu zu Weihnachten, Eibe und Haselkätzchen, die am Palmsonntag getragen wurden, Birkengrün im Mai, rote Rosen und Waldmeister für Kränze und Girlanden zu Fronleichnam sowie Madonnenlilien und rote Rosen für die Feste der Märtyrer.«

Die Rosen der Jungfrau Maria

Als sich das Christentum weiterverbreitete, wurden viele der in heidnischer Zeit gebräuchlichen Pflanzen- und Blumensymbole übernommen. Der amerikanische Botaniker Harold Moldenke beschrieb 1953 in einer Veröffentlichung zu Marienpflanzen des Mittelalters, wie

RECHTS Die Texte eines illuminierten Manuskripts sind mit dekorativen Elementen wie Initialen, Bordüren und Bildern verziert. Hier abgebildet ist der rosenverzierte Buchstabe »C« (Arundel-Handschrift).

der mit Bacchussagen verbundene Efeu sowie Stechpalme und Christklotz, die in Druiden-Riten verwendet wurden, ihren Weg in die christlichen Feste Englands fanden. Auch Rosen, vormals Blumen der germanischen Erd- und Himmelsgöttin Hulda sowie der römischen Liebesgöttin Venus und ihres skandinavischen Gegenstücks Freya, brachte man nun mit Maria in Verbindung.

Im 12. Jahrhundert sah man in der Jungfrau Maria die »Geliebte« im Hohelied Salomos, das einige Anspielungen auf Pflanzen enthielt: »Ich bin die Rose von Scharon und eine Lilie im Tal«. Durch das in ihr heranwachsenden Leben wurde Maria auch oft mit einem Garten assoziiert. Da sie nur für Gott fruchtbar war, wurde sie durch einen umschlossenen Garten symbolisiert. In der Darstellung »Madonna und Kind mit zwei Engeln« (um 1440) von Fra' Filippo Lippi wird sie als Jungfrau, die eine Rose hält, abgebildet.

Schon einige Jahrhunderte zuvor bezeichnete der geistliche Dichter Coelius Sedulius im 5. Jahrhundert Maria als eine »Rose unter Dornen« (Carmen Paschale II, 28–31). Hierbei handelt es sich möglicherweise um die erste Beschreibung Marias als Rose. Der Benediktiner Beda Venerabilis (673–735 n. Chr.) verwendete hingegen die Lilie als Mariensymbol. Die weißen Blütenblätter repräsentierten ihre Reinheit und die goldenen Staubgefäße das Licht ihrer Seele. Der heilige Bernhard von Menthon (um 1020–1081 n. Chr.) wiederum pries die Jungfrau Maria als »Veilchen der Demut, Lilie der Keuschheit, Rose der Nächstenliebe, Balsam von Gilead und goldene Himmelsblume«. Im Christentum symbolisierten rote Rosen nun allgemein das Blut der Märtyrer.

Mariengärten

Aufgrund der Verehrung der (dornenlosen) Rose als Symbol der jungfräulichen Maria durften in dieser Zeit nur Jungfrauen Rosengirlanden tragen. Darüber hinaus wurde Maria häufig inmitten von Rosen dargestellt, so etwa auf dem Gemälde »Madonna im Rosengarten« (um 1420–1435), das Michelino da Besozzo bzw. Stefano da Verona zugeschrieben wird. Weltliche Minnesänger und Dichter interpretierten die Rose hingegen als Sinnbild für die irdische Liebe – eine bis heute bestehende Tradition.

Ab dem 7. Jahrhundert legte man eigens Gärten mit Pflanzen an, die als Mariensymbole galten. In diesen sogenannten Mariengärten verehrte man die Muttergottes auch im Freien statt nur im umschlossenen Kirchenraum. In der US-amerikanischen Gartenzeitschrift *The Herbarist* berichtet ein Artikel über das Leben des heiligen Fiacrius (600–670 n. Chr.), des späteren Schutzpatrons der Gärtner, dass dieser sich um einen der Jungfrau Maria gewidmeten Garten eines französischen Hospizes kümmerte. Möglicherweise ein Vorläufer der späteren Mariengärten.

»Madonna im Rosengarten« (um 1420–1435), Michelino da Besozzo bzw. Stefano da Verona zugeschrieben: Das traditionelle Motiv des *Hortus conclusus* – hier eine rosenberankte Umfriedung als Symbol für die Jungfräulichkeit Marias – stellt die Madonna mit dem Kind, der die heilige Katharina von Alexandrien hinzugesellt ist, in den Mittelpunkt des Bildes.

In seiner 2000 erschienenen Enzyklopädie des Mönchtums berichtet der amerikanische Historiker William Johnston ebenfalls von einem Mariengarten, der in den Wirtschaftsbüchern des englischen Priorats Norwich von 1373 erwähnt wird und sich als traditioneller klösterlicher Rosengarten erwies.

Rosa mystica

Die Anrufung der Muttergottes als *Rosa mystica* (»geheimnisvolle Rose«) ist eng mit einer Legende verbunden, nach der der Erzengel Gabriel drei Kränze mit verschiedenfarbigen Rosen flocht: Die roten Rosen standen für das Blut Christi unter der Dornenkrone und das Leiden Marias (analog zum Blut des Adonis und zum Leiden der Aphrodite). Die weißen standen für Marias Freude und die gelben für ihre Verklärung. Die Parallelen zu den heidnischen Göttern Aphrodite und Adonis ließen den Geistlichen Isidor von Pelusium (440 n. Chr.) warnen: »Wir sollten mehr Wert darauf legen, den Unterschied zwischen der heidnischen *Magna Mater* (Aphrodite) und unserer *Magna Mater* Maria deutlich zu machen.«

Maria erhielt viele Rosenbeinamen, darunter Rose von Scharon, Königin vom heiligen Rosenkranz und Rose der Bescheidenheit (*Rosa Pudoris*). Die »Lauretanische Litanei« (»Litanei von der Seligen Jungfrau Maria«) nannte sie *Rosa mystica*. »Rose ohne Dornen« wiederum spielt auf ihre Freiheit von der Erbsünde an: Einer christlichen Legende gemäß wuchsen der Rose erst Dornen, als Adam und Eva aus dem Garten Eden vertrieben wurden, womit Maria als »zweite Eva« galt. Diesen Vergleich zieht auch das Evangeliengedicht *Carmen Paschale*, das die Rot-Weiß-Symbolik der Rose verdeutlicht.

> *Maria ist eine Rose. Eva war ein Dorn, der verwundete, Maria eine Rose, die die Liebe lieblicher machte. Eva war ein Dorn, der den Tod brachte, Maria ist die Rose, die uns das Erbe der Erlösung zurückgab. Maria ist eine weiße Rose ob ihrer Jungfräulichkeit; eine rote Rose ob ihrer Güte; weiß in ihrem Körper, rot in ihrer Seele. Weiß, wenn sie die Tugend pflegt, rot, wenn sie das Laster zertritt; weiß, wenn sie die Liebe reinigt; rot, wenn sie das Fleisch sterblich macht; weiß ob ihrer Gottesliebe; rot ob ihres Mitleids mit dem Nächsten.*
>
> SEDULIUS: *Carmen Paschale* (um 430 n. Chr.)

OBEN »Die Madonna im Rosenhag« (um 1440–1442) von Stefan Lochner mit symbolträchtigen roten und weißen Rosen.

Die Rose in Liedern

In der Bibel im Buch Jesaja 11:1–2 steht geschrieben: »Und es wird eine Rute aufgehen von dem Stamm Isais, und ein Zweig aus seiner Wurzel Frucht bringen. Auf welchem wird ruhen der Geist des Herrn.« Ebenso wie der traditionelle englische Lobgesang aus dem 15. Jahrhundert (siehe Kasten rechts), der den Bund zwischen Christus und Maria

Es gibt keine Rose von solcher Zucht,
Wie die, die den Herrn Jesu trug,
Halleluja.
Denn in der Rose enthalten war'n
Himmel und Erde in wenig Raum,
Res miranda.

There Is No Rose of Such Virtue (um 1420)

mittels einer Rosensymbolik versinnbildlicht, bezieht sich auch das bekannte Weihnachtslied »Es ist ein Ros entsprungen« (1599) auf dieses Bibelzitat. Darin wird Maria mit einem Rosenzweig gleichgesetzt, der Jesus als knospende Blüte hervorbrachte. Maria stellt damit über die Wurzel Jesse (Isai, der Vater des alttestamentarischen Königs David) eine Verbindung zu Gott her. Andererseits wird Maria in dem Lied auch selbst durch eine Rose symbolisiert. Und so wird sie oft auch als »mystische« Rose bezeichnet, die vollkommenste Blüte der gesamten Menschheit.

Auch der britische Geistliche und Theologe John Henry Newman (1801–1890) bezog sich in seinen Meditationen und Andachten auf diese Rosensymbolik (siehe Kasten unten).

Maria ist die schönste Blume, die die geistliche Welt je sah. […] Sie ist die Königin der geistlichen Blumen. Und deshalb nennt man sie die Rose, denn von der Rose heißt es, sie sei die schönste aller Blumen.

John Henry Newman, 1893

DIE ROSENFENSTER VON NOTRE-DAME

Ab dem 12. Jahrhundert überragten prächtige Kathedralen die mittelalterlichen Silhouetten der Städte. Diese Kirchen waren oftmals Maria gewidmet, und viele von ihnen zierten Fensterrosen – kunstvolle, kreisförmige Mandalas mit farbenfrohen Glasmalereien.

Am berühmtesten sind wohl die Rosenfenster der Kathedrale Notre-Dame de Chartres in Frankreich, die 1260 geweiht wurde. Die Kathedrale wurde zu Ehren Marias errichtet, die auch in der berühmten Fensterrosette des Nordportals dargestellt ist. In ihrer Mitte thront Maria mit dem Christuskind, umringt von Engeln, Tauben, Propheten und Königen.

Auf dem Boden unterhalb des Buntglasfensters befindet sich ein Labyrinth. Könnte man die Wand auf den Boden umlegen, würde die Fensterrosette genau das Labyrinth abdecken – dessen Zentrum man ebenfalls Rosette nennt.

DIE VERFASSER VON ROSENTEXTEN

ALBERTUS MAGNUS (um 1200–1280), vielfach als größter Philosoph und Theologe des Mittelalters bezeichnet, beschrieb als einer der Ersten den mittelalterlichen Lustgarten als einen Ort des Vergnügens. Er befasste sich eingehend mit Aristoteles und römischen Gelehrten und entwarf einen idealen Lustgarten, der auch Rosen enthielt (siehe Kasten unten).

Innerhalb des Rasens kann jedes wohlriechende Kraut wie Weinraute, Salbei und Basilikum gepflanzt werden, ebenso alle Arten von Blumen wie Veilchen, Akelei, Lilie, Rose, Iris und dergleichen.

ALBERTUS MAGNUS:
De Vegetabilis et Plantis (um 1260)

Auch Petrus de Crescentiis (um 1230–1320) nahm ins achte Buch seines Werks *Liber ruralium commodorum* (»Buch der ländlichen Wohltaten«) von 1306 einen Abschnitt auf, in dem er das Thema »Lustgärten« behandelte. Darin stellte er fest: »Erneut sehen wir den eingehegten Garten, der von gemischten Hecken aus Obstgehölzen, Dornenbüschen, Rosen und Weinreben umschlossen ist.« De Crescentiis soll sich recht frei bei früheren Autoren bedient haben, doch sein Werk blieb bis über die Renaissance hinaus eines der wichtigsten Lehrbücher über Landwirtschaft und Gartenbau.

Im Mittelalter diente der Rosengarten auch als Ort für romantische Begegnungen. So etwa im französischen *Roman de la Rose* (»Rosenroman«, um 1230), der zugleich als erster moderner

OBEN In der Miniatur *Hortus deliciarum* (»Lustgarten«) zum *Roman de la Rose* (um 1490–1500) ist der blau gewandete Liebhaber zweimal dargestellt: außerhalb des Gartens und nachdem er ihn betreten hat.

Roman eine Huldigung an die Jungfrau Maria war. Die Rose ist darin Chiffre für zweierlei: die Frau und die weibliche Sexualität. Auch hier begegnen wir dem ummauerten Garten.

Die flämische Miniatur zum *Roman de la Rose* des Meisters der Gebetbücher (um 1490–1500) zeigt den Lustgarten eines Adligen aus dem 15. Jahrhundert mit Springbrunnen, spalierartigen Unterteilungen, Hochbeeten, Rasenbänken und rankenden Rosen. Diese Elemente des mittelalterlichen Gartens – insbesondere an einem Spalier gezogene Rosen, Formschnittgehölze, Kräuter und Sitzplätze in schattigen Lauben – überdauerten die Jahrhunderte und sind auch heute noch in modernen Gärten beliebt.

Im Zusammenhang mit Rosengärten hat auch die Mariensymbolik eine lange Tradition. So wird Maria beispielsweise als »Gottes Rosengarten« bezeichnet, und der italienische Dichter Dante Alighieri kündigt sie im Paradiesteil (23:73–74) seiner »Göttlichen Komödie« (um 1308–1321) mit den Worten an: »Rose, in der das Wort Gottes Fleisch ward.« Der französische Künstler Gustave Doré schuf auf Dantes Werk basierend die »Himmelsrose«. Dante und seine geliebte Beatrice stehen im Himmel vereint und blicken in die Himmelsrose, die sich aus einer Vielzahl von Engeln und Heiligen zusammensetzt. Der Himmel wird darin als unendliche, ewige Rose dargestellt. Ihre Blütenblätter sind die Seelen, und ihr Duft ist der nie endende Lobpreis Gottes. In der »Göttlichen Komödie« steht die mystische Rose für die Liebe Gottes.

Von Rosen und Heiligen

Eine christliche Legende, die sich um Maria rankt, handelt vom »Rosengrab Mariens«. Der heilige Thomas, einer der zwölf Apostel, schenkte den Berichten über die Auferstehung Marias keinen Glauben. Er ließ ihr Grab öffnen und fand darin nichts als Lilien und Rosen.

Rosen wurden im christlichen Glauben mit verschiedenen Märtyrern in Verbindung gebracht. So spielen Rosen in der Legende um die heilige Cäcilia, eine römische Märtyrerin des 3. Jahrhunderts und Schutzpatronin der Musiker, eine besondere Rolle: Cäcilia wurde mit einem Heiden verheiratet, weigerte sich aber, die Ehe zu vollziehen, da sie ihre Jungfräulichkeit Gott geweiht hatte und ein Engel über ihre Unschuld wachte. Um den Engel sehen zu können, sollte sich ihr Ehemann an der Via Appia taufen lassen. Bei seiner Rückkehr fand er Cäcilia im Gespräch mit dem Engel, der Kränze aus Rosen und Lilien in den Händen hielt (siehe Kasten unten).

Die heilige Dorothea (4. Jh.) hingegen wurde zum Tod verurteilt, nachdem sie den römische Statthalter Apricius abgewiesen hatte. Auf dem Weg zur Hinrichtung sprach sie davon, in den Garten des Herrn einzugehen, woraufhin der Schreiber Theophilus spottete, sie solle ihm einen Beweis dieses Gartens zeigen. Daraufhin rief sie einen Engel herbei, der einen Korb mit drei Äpfeln und drei Rosen bei sich trug. Der Schreiber, von den Schätzen des Paradieses beeindruckt, bekannte sich zum Christentum und wurde ebenfalls zum Märtyrer.

Auch der heilige Benedikt (6. Jh.) besaß einen Rosengarten, sah die Blumen jedoch vornehmlich als Mittel zur Abtötung weltlicher Gelüste: Um den fleischlichen Versuchungen zu entgehen, stürzte er sich nackt in die Dornen.

Ähnlich erging es dem heiligen Franziskus, der aus Assisi im italienischen Umbrien stammte. In der Steinkapelle der heutigen Kirche Santa Maria Degli Angeli erblickte er 1216 in einer Vision die Jungfrau Maria und gründete hier den Franziskanerorden. Im nahen Rosengarten (*Roseto*) soll er sich in die Rosensträucher gestürzt haben, um gegen Zweifel und Versuchungen anzukämpfen. Um den Heiligen nicht zu verletzen, verloren die Rosen daraufhin ihre Dornen. Die dornenlosen Rosen, die hier heute noch blühen, erhielten den Namen *Rosa canina* 'Assisiensis'.

»Hütet diese Kränze mit unbefleckten Herzen und reinen Körpern«, sagte der Engel, »denn ich habe sie euch aus Gottes Paradies gebracht, und sie werden niemals verblassen oder ihren Duft verlieren, noch jemals von irgendjemandem gesehen werden, außer von jenen, die die Keuschheit lieben.«

Jacobus de Voragine:
Legenda aurea (um 1264)

Das Gemälde »Der heilige Benedikt unter Dornen« (15. Jh.) des italienischen Künstlers Tommaso Garelli zeigt den heiligen Benedikt, wie er nackt auf der Seite liegend teils von einem Dornbusch bedeckt ist und auf diese Weise fleischlichen Versuchungen begegnet.

Rosenlegenden

Ein berühmtes Rosenwunder wird von der heiligen Elisabeth von Thüringen (1207–1231) berichtet: Als ihr Gatte, König Ludwig von Thüringen, sich auf einem Kreuzzug befand, herrschte im Land eine große Hungersnot. Bei seiner Rückkehr klagte ihm ein Verwandter, Elisabeth würde den Hof in Eisenach durch ihre Armenspeisungen in den Ruin stürzen. Ludwig glaubte den Berichten und verbot seiner Frau ihr wohltätiges Tun. Heimlich fuhr sie jedoch damit fort, bis er sie eines Tages mit einem Korb voller Lebensmittel ertappte. Als der König den Korb öffnete, enthielt die-

DIE ROSEN-SYMBOLIK IM CHRISTENTUM

Ein alter römischer Pfingstbrauch geht auf die Zeit Gregors des Großen (Papst von 590–604 n. Chr.) zurück. Um die Ankunft des Heiligen Geistes zu versinnbildlichen, ließ dieser Rosenblüten vom Dach des Pantheons herabregnen. Der Brauch verbreitete sich auch nach Spanien und Frankreich, wo das Fest gelegentlich auch »Rosen-Ostern« (*Pâques des roses*) genannt wird. Die rosa Farbe von Rosenblüten kommt zudem als liturgische Farbe (etwa beim Tragen rosafarbener Gewänder) im Lauf des Kirchenjahres vor. Dem *Codex Rubricarum* des Römischen Ritus gemäß ist sie dem dritten Adventssonntag (*Gaudete*) und dem vierten Fastensonntag (*Laetare*) vorbehalten. Auch der Name »Rosensonntag« für den Laetare-Sonntag, an dem einst die Goldene Rose (Tugendrose) als päpstliche Auszeichnung gesegnet wurde, betont ihre Bedeutung in der Kirche.

Im 12. Jahrhundert wurden Blütenblätter von Rosen während religiöser Zeremonien in den Gängen verstreut. Auch hier standen rote Rosen für das Blut Christi und weiße Rosen für die Reinheit der Jungfrau Maria. Auf Letztere bezieht sich auch die Bezeichnung *Rosa sine Spina* (Rose ohne Dornen). Nach christlicher Überlieferung waren die Rosen im Garten Eden ursprünglich dornenlos. Erst nach dem Sündenfall bekamen sie Dornen, um die Menschen an den Verlust des Paradieses zu erinnern. Die dornenlose Rose stand dagegen für die Freiheit Marias von der Erbsünde.

ser jedoch nichts als weiße Rosen. Selbst ihre Feinde sollen sich daraufhin von ihrer Nächstenliebe bekehren haben lassen. Eine ähnliche Legende rankt sich um die heilige Elisabeth von Portugal (1271–1336), die die Armen ihres Landes gegen den Willen ihrer Familie mit Lebensmitteln versorgt haben soll. Als sie ihre Burg in Leiria mit einem Korb voller Broten verließ und ihr Gatte dessen Inhalt sehen wollte, fand er darin keine Speisen, sondern einen Strauß Rosen. Da es mitten im Winter war, sah man darin zu Recht ein Wunder.

Ähnliches berichtet auch die Legende der heiligen Casilda von Toledo, der Tochter des muslimischen Herrschers von Spanien während des Kalifats. In ihren Kleidern versteckte sie Brotlaibe für christliche Gefangene. Als sie ertappt wurde, verwandelte sich das Brot in Rosen. Dargestellt wurde diese Legende unter anderem auf den Gemälden von Francisco de Zurbarán (»Santa Casilda«, um 1640) und Zacarías González Velázquez (»Das Wunder der heiligen Casilda«, um 1820).

RECHTS Das Gemälde »Santa Casilda« (um 1640) von Francisco de Zurbarán stellt das Wunder dar, bei dem sich Brote in Rosen verwandelten.

DER ROSENKRANZ

Die Bezeichnung »Rosenkranz« für die christliche Gebetskette hat eine lange Tradition. So ersann der Kirchenlehrer Bischof Gregor von Nazianz im 4. Jahrhundert n. Chr. einen »Kranz« aus Gebeten und Liedern, um Maria anstelle eines Kranzes aus Rosen seine Verehrung darzubringen. Im Lauf der Zeit wurde für das Rosenkranzgebet eine Gebetskette gebräuchlich, mit deren Hilfe Katholiken 50 gebetete Ave Maria (die sogenannten Rosen) abzählten. Der deutsche Name »Rosenkranz« beschreibt die Ave Maria demnach als eine Kette von Rosen.

Die Bedeutung des Rosenkranzes übertrug sich auch auf die Rose selbst. In ihren Blühstadien erkannten die Gläubigen drei Abbilder Christi: Die Rosenknospe symbolisierte das Jesuskind, die halb geöffnete Rosenblüte stand für das Leiden Christi und die voll erblühte Rose für seinen Sieg über den Tod. Die Farben der Rosen symbolisierten Trauer, Freude und Mysterium.

Ursprünglich war der Mai der Monat der Flora, der römischen Göttin der Blumen und des Frühlings. In christlicher Zeit ersetzte man die heidnische Göttin, und die Gottesmutter Maria wurde als Sinnbild der Leben spendenden Kraft des Frühlings zur »Maienkönigin«. In Italien und anderen Ländern verehrt man die Jungfrau Maria noch heute alljährlich im Mai mit roten und weißen Rosen, mit denen Tische, Altäre und Gärten geschmückt werden. Als der heilige Dominikus den Rosenkranz einführte, erkannte er die Kraft dieser Symbolik und setzte die Gebete des Rosenkranzes mit kleinen Rosen gleich.

DIE LEGENDE VOM ROSENKRANZ

Ein frommer Mann band tagein, tagaus Kränze aus Rosen und anderen Blüten, mit denen er das Haupt eines Marienbildes krönte. Die Muttergottes sah die Freude, die Hingabe und die guten Absichten des Mannes und erschien ihm, um ihn zu einem Leben im Kloster zu ermutigen. Dort blieb ihm jedoch keine Zeit, Kränze zu binden, und so beschloss er traurig, den Orden zu verlassen und zu seinem alten Leben zurückzukehren.

Ein Priester, der davon hörte, riet ihm, anstatt Kränze zu binden, 50 Ave Maria zu beten: Maria würde die Gebete allen Kränzen vorziehen, die er im Lauf seines Lebens gefertigt hatte. Und so blieb der Mann bei dem Orden. Eines Tages wurde er gebeten, einen Botenritt durch den Wald zu machen. Unterwegs hielt er an, um seine 50 Ave Maria zu beten. Dabei wurde er von Räubern bemerkt, die ihn ausrauben und sein Pferd stehlen wollten. Als sie sich näherten, sahen sie eine schöne junge Frau, die neben dem Mann stand. Während er betete, nahm sie 150 Rosen von seinem Mund und band sie zu einem Kranz. Als dieser fertig war, bekrönte sie sich damit und ging davon.

Daraufhin liefen die Räuber aufgeregt zu dem Mann und fragten ihn nach der jungen Frau. Der Mann erklärte, es sei keine Frau bei ihm gewesen. Er habe nur 50 Ave Maria gebetet, wie es ihm gesagt worden sei. Die Räuber begriffen, dass es die Muttergottes gewesen sein musste, die den Rosenkranz angenommen hatte. Dies erfüllte den Mann so sehr mit Freude, dass er von nun an täglich 50 Ave Maria betete und dies auch andere Menschen lehrte. Die Räuber aber führten von diesem Zeitpunkt an ein anständiges Leben.

ROSENSYMBOLE DER RELIGIONEN

IM 13. UND 14. JAHRHUNDERT erreichte die Rosenverehrung in Europa einen Höhepunkt. Für Muslime waren Rosen Symbole der menschlichen Seele und im Christentum erinnerten Rosen die Gläubigen an den Garten Eden, während Hindus und Buddhisten Rosen und andere Blüten als Ausdruck spiritueller Freude sahen.

Im Nahen Osten und in der Türkei werden Rosenwasser und -öl bei islamischen Riten auch heute noch verwendet. So wird z. B. bei der Pilgerfahrt nach Mekka (Hadsch) das schwarze Tuch der Kaaba, des »Hauses Allahs«, mit Rosenwasser aus der Türkei oder dem Iran übergossen, und in die Lampen der Kaaba gibt man Rosenöl, das die Gläubigen mit seinem wohlriechenden Duft erfreut. Die Rose ist das Symbol des Propheten Mohammed (um 570–632 n. Chr.), der den Islam begründete. Der Überlieferung nach duftete sein Schweiß nach Rosen.

Der Glaube an die Einheit Gottes wird durch die »Rose des Tauhīd« symbolisiert. Sie ist der Same, der ins Herz Mohammeds gepflanzt wurde und die göttliche Einheit verkörpert, die nach Verbreitung strebt und dabei alles Bewusstsein zu einem einzigen vereint.

RECHTS Die »Rose des Tauhīd« (auch »Rose des Propheten« genannt) symbolisiert die Schöpfung sowie den Glauben an die Einheit und Einzigkeit Gottes. Der ägyptische Philosoph Dr. Mustafā Mahmūd (1921–2009) erklärte: »Das Konzept des Tauhīd […] bezieht sich eigentlich auf ein Verb, nämlich ›vereinheitlichen‹, also integrieren, zusammenführen, was zersplittert ist.«

اسماء الحسنى
اسماء النبی
حلیهٔ شریف

Gott schuf uns alle aus einer einzigen Seele (einem einzigen Punkt). [...] Ein Same, gepflanzt in ein Herz; ein Herz, gepflanzt in den Boden eines Volkes, der Menschheit. Eine einzelne Rose, die blüht. Ein Garten voller Rosen. Ein Duft, ein Parfüm, eine Essenz. Die ganze Reise nur für dies.

Der Koran

So wie die Rose aus vielen Blütenblättern besteht, die zusammengehalten werden, so zeigt der Mensch, der die Entfaltung der Seele erreicht, viele verschiedene Qualitäten. Diese Qualitäten verströmen ihren Duft in Form einer spirituellen Persönlichkeit.

Hazrat Inayat Khan

In der islamischen Tradition wird die Rose oft als die Blume des Himmels beschrieben. So erzählt eine Legende, wie der babylonische Gewaltherrscher Nimrod den Propheten Abraham ins Feuer werfen ließ. Die Flammen erloschen und verwandelten sich in einen von Rosen umstandenen Teich. Dasselbe Thema wiederholt sich in der Geschichte Alis, des Schwiegersohns Mohammeds, der auf seinem Sterbebett um einen Strauß mit Rosen bat. Ihr wohlriechender Duft überzeugte ihn davon, in den Himmel zu kommen, sodass er dem Tod beruhigt ins Auge blicken konnte.

Rosenwasser wurde eine spirituell reinigende Wirkung nachgesagt. So ließ Sultan Mehmed II., nachdem er 1453 Konstantinopel (heute Istanbul) erobert hatte, die vormals christlich-orthodoxe Sophienkirche (die heutige Hagia Sophia) mit Rosenwasser auswaschen, um sie zur Moschee zu weihen.

Rosen im Sufismus

Im Islam und seinen Strömungen wie dem mystisch-asketischen Sufismus bevorzugte man geometrische Gartenanlagen. Die Düfte dieser Gärten symbolisierten die Heiligkeit der Seelen. In der Literatur wie bei der 1259 verfassten Prosa- und Gedichtsammlung Golestān (»Rosengarten«) des persischen Dichters Saadi oder im Werk Golschan-e-Raz (»Rosengarten der Geheimnisse«) des iranischen Mystikers Mahmoud Schabestari (14. Jh.) weisen schon allein die Titel auf die Bedeutung der Rose im Islam hin. Und auch das Zitat (siehe Kasten oben rechts) des Sufi-Lehrers Hazrat Inayat Khan (1882–1927) beschreibt anschaulich die Symbolkraft der Rose.

Rosen haben in spiritueller Hinsicht eine ähnliche Eigenschaft wie der Heilige Gral. So stammt das Wort »Kelch« von der griechisch-lateinischen Bezeichnung *Calyx* ab, was auch der Fachbegriff für Blütenkelch ist. Gral und Rosen stehen somit für die Seele, die sich dem göttlichen Einfluss öffnet. Die Symbolik der Rose ist sogar noch stärker als die des Grals, was von ihrer wohlgeformten Gestalt – der Menge und Anordnung der Blütenblätter und ihrer samtig-weichen Beschaffenheit – herrührt. Hinzu kommen der berauschende Duft der Rose und ihr geheimnisvoll verstecktes Blüteninnere, das sich zwischen den Blütenblättern verbirgt. So schrieb der persische Dichter Fariduddin Attar im 12./13. Jahrhundert: »Das Geheimnis leuchtet im Rosenbeet, das Geheimnis liegt in der Rose verborgen.«

Vor allem für Dichter in der muslimischen Tradition des Sufismus hat die Rose eine hohe Symbolkraft. Der Sufismus betont die spirituelle Nähe zu Gott. Schönheit und Reinheit der Rosen, die an dornigen Zweigen wachsen, versinnbildlichen den spirituellen Weg zu Allah.

MASNAWI-GEDICHTE

Ein Masnawi ist ein Gedicht unbegrenzter Länge aus sich reimenden Zweizeilern mit einem Versmaß von elf (gelegentlich zehn) Silben. Masnawi-Gedichte wurden und werden auf Persisch, Arabisch, Türkisch und Urdu verfasst. Sie thematisieren Anekdoten und Geschichten aus dem Koran, dem muslimischen Glauben und gewöhnliche Erzählungen.

Ein Beispiel ist das *Mathnawi* des persischen Dichters und Mystikers Dschalāl ad-Dīn Muhammad Rūmī (kurz Rumi), das vielen als das bedeutendste mystische Gedicht überhaupt gilt. Es umfasst sechs Bände, dessen letzten der Dichter bei seinem Tod im Jahr 1273 unvollendet hinterließ. Die ersten beiden Bände handeln vom inneren Selbst und seiner Neigung zur Sünde. Die Bände drei und vier haben Weisheit und Verstehen zum Inhalt. Die Bände fünf und sechs wiederum befassen sich mit der Idee, dass man die menschliche Gegenwart hinter sich lassen muss, um die Existenz Gottes zu erkennen.

LINKS Die Miniatur aus der Handschrift Sevakib-i Menakib (Erinnerungen an Rumi, 16. Jh.) zeigt einen Stier, der sich verbeugt, um Mevlana (Rumi) zu huldigen.

Die Rose bei Rumi

In Rumis Masnawi ist die Rose ein wiederkehrendes Motiv: »Die Rose wird von den Gärtnern des Paradieses auf die Erde gesandt, um den Verstand und das Auge des Geistes zu stärken.« Gemäß der Sufi-Tradition schöpfte Rumi tiefste Inspiration aus Werken, die über Jahrhunderte hinweg bedeutungsvolle Bilder nutzten – Bilder von universeller Ausdruckskraft und Sinnfülle. Hierzu zählten insbesondere die »Rose« und der »Rosengarten«. Beide sind für Sufis mehrdeutige Symbole, deren verschiedene Bedeutungen bei der Verwendung der Begriffe mitklingen. So beschwört das Bild der Rose gleichzeitig geistige Hochstimmung, visionäre Ekstase und Inspiration und vereint die Gesamtheit dieser Bedeutungen in sich. Das Bild des Rosengartens wiederum umfasst den Reichtum der Schöpfung und den Glanz des erwachten Herzens, das die Vollkommenheit von Gottes Werk in allen Dingen und Ereignissen sieht.

In vielen seiner Werke nutzt Rumi die Rose als Symbol. Der Liebesschmerz, den Rumi kannte und so beredt in Worte fasste, wenn er über die Rose sprach, ist einer, aus dem die Schönheit strahlt, weil er nicht zerstört, sondern transformiert (siehe Kasten unten).

So die Gnade es will, wirst du wissen, dass diese Welt der Rosengarten der Rosengärten ist, ein Paradies, in dem nichts je geboren wird und nichts je stirbt.

ANDREW HARVEY:
Light Upon Light – Inspirations from Rumi (1996)

INSPIRIERENDE RUMI-ZITATE

Nicht nur die Rosensymbolik in den Werken Rumis übt auf den Leser einen nachhaltigen Einfluss aus, auch die inspirierenden Perlenschnüre aus Worten, die sich auf Rosen beziehen. Nachfolgend einige Rumi-Zitate (von vielen), die von Rosen handeln:

»Was der Rose geflüstert wurde, um sie aufzubrechen, wurde mir gestern Abend ins Herz gehaucht.«

»Heute Morgen führte mich die Kontemplation in den Rosengarten, der weder außerhalb noch innerhalb dieser Welt liegt.«

»Die Liebe ist ein unendlicher Rosengarten.«

»Stille, du bist der Diamant in mir, das Juwel meines wahren Reichtums! Aus deiner weichen Erde wachsen Tausende von Rosengärten, deren Düfte mich in meinem Herzen überfluten.«

»Die Liebe macht dich rasend, treibt dich von Offenbarung zu Offenbarung, durch eine Tortur nach der anderen, bis du, demütig und gebrochen, zärtlich in das Herz der Rose getragen wirst.«

»Denn jedes Haus soll ein Fenster werden, jeder Acker ein Rosengarten. Finde aus deinem Selbst heraus, gib deine Existenz auf, werde frei vom Ich.«

»Mein Gesicht ist überall – und alles, was du betrachtest, sind Rosen.«

»Hör auf zu lernen. Fang an zu wissen. Die Rose öffnet sich und öffnet sich, und was fällt, fällt nach außen.«

So anmutig die Ros' sich gibt –
noch viel mehr ist bei uns beliebt
der süße Duft,
der in ihr lebt.

William Shakespeare:
Sonett 54 (1609)

6

DIE WELTLICHE ROSE

(um 1350–1650)

Ab der Mitte des 14. Jahrhunderts tauchten Rosen vermehrt auch im weltlichen Zusammenhang auf. So stellten Meister des Stilllebens wie Ambrosius Bosschaert der Ältere Rosen mit geradezu wissenschaftlicher Akribie dar, und Schriftsteller wie William Shakespeare und Thomas Campion verwendeten sie häufig als Sinnbild in ihren Stücken, Sonetten und Gedichten. Während der Rosenkriege (1455–1485) trugen die Anhänger der um die englische Königskrone rivalisierenden Adelshäuser York und Lancaster weiße bzw. rote Rosen als Erkennungszeichen. In der islamischen Welt spielten Rosen eine wichtige Rolle am osmanischen Hof, und das türkische Edirne wurde ein bedeutendes Zentrum der Rosenzucht.

Rosa centifolia foliacea

DIE ROSE ALS POLITISCHES SYMBOL

ZWISCHEN 1455 UND 1485 waren weiße und rote Rosen die heraldischen Zeichen zweier englischer Adelshäuser, die sich einen erbitterten Kampf um die Macht und den Thron lieferten. Die Kontrahenten dieser Auseinandersetzung, die später unter dem Namen »Rosenkriege« bekannt wurde, waren zum einen die Anhänger des Hauses York (weiße Rose) und auf der gegnerischen Seite die Anhänger des Hauses Lancaster (rote Rose).

Die Wappenrosen von Lancaster und York

Die rote Rose im Wappen des Hauses Lancaster leitete sich von einem heraldischen Zeichen König Eduards I. von England (reg. 1272–1307) ab. Die goldene Rose, die der König trug, übernahm sein Bruder Edmund »Crouchback«, 1. Earl of Lancaster (1245–1296) als rote Rose. Man nimmt an, dass es sich hierbei um eine auch als 'Old Red Damask' (*Rosa gallica var. officinalis*) oder Provins-Rose bekannte *Gallica*-Rose handelte, die wild in Zentralasien wuchs. In der Antike war sie bereits den Persern und Ägyptern bekannt und wurde von den Römern kultiviert, die sie in der Provinz Gallien einführten (daher der Name *Gallica*).

Die weiße Rose des Hauses York entstammte hingegen einem heraldischen Zeichen des Prinzen Edmund of Langley, 1. Duke of York (1341–1402), der sie im Wappen führte. Darüber hinaus stand sie, wie im vorhergehenden Kapitel beschrieben, sinnbildlich für die Jungfrau Maria, die Mutter Jesu, die auch als *Rosa mystica* (»geheimnisvolle Rose« des Himmels) bezeichnet wird.

Provins-Rose

Das Haus Lancaster

Das Königshaus Lancaster wurde von Henry Bolingbroke begründet, der im Jahr 1399 Richard II. stürzte und als Heinrich IV. den Thron bestieg. Heinrich war der Sohn von John of Gaunt und Blanche of Lancaster. Letztere war die Tochter von Henry of Grosmont, 1. Duke of Lancaster (um 1310–1361) und somit Erbin des Herzogtums Lancaster. John of Gaunt wiederum war der dritte überlebende Sohn König Eduards III. von England, und als Enkel des Letzteren erhob Heinrich Anspruch auf den Thron.

Das Haus Lancaster stellte drei Könige: Heinrich IV. (reg. 1399–1413), seinen Sohn Heinrich V. – ruhmreicher Sieger in der Schlacht von Azincourt im Jahr 1415 – (reg. 1413–1422) und Heinrich VI. (reg. 1422–1461 und 1470–1471). Letzterer kam (als jüngster König in der englischen Geschichte) im zarten Alter von neun Monaten auf den Thron. Später erwies er sich als schwacher Herrscher und verfiel zunehmend der Geisteskrankheit. Dies wiederum begünstigte den Aufstieg Richard Plantagenets, des 3. Duke of York, der das Oberhaupt des Hauses York und erster Thronanwärter nach dem König war.

Die Rosenkriege

Richards Thronanspruch lag darin begründet, dass er über seinen Großvater ein Urenkel König Eduards III. war. Die aus diesem Anspruch folgenden kriegerischen Auseinandersetzungen zwischen den Anhängern der Adelshäuser Lancaster und York gingen als Rosenkriege in die Geschichte ein.

Einigen Historikern zufolge kann es als gesichert gelten, dass die York-Anhänger die weiße Rose als Abzeichen verwendeten. Die rote Rose der Lancaster-Getreuen halten viele jedoch für eine spätere Zuschreibung. Zumindest für die Bezeichnung »Rosenkriege« ist belegt, dass sie erst im 19. Jahrhundert aufkam: Der schottische Schriftsteller Sir Walter Scott prägte sie in seinem Roman »Anna von Geierstein oder: Das Nebelmädchen« (1829).

Wie es schon William Shakespeare in seinem Historiendrama »Heinrich VI.« beschrieb, stellt diese Illustration von A. S. Forrest englische Adlige dar, die weiße bzw. rote Rosen pflücken, um sich als York- oder Lancaster-Anhänger auszuweisen.

Nichtsdestotrotz muss die Assoziation der roten Rose mit Lancaster den Zeitgenossen sinnvoll und stimmig erschienen sein. Zumindest berief sich auch William Shakespeare in seinem Drama »Heinrich VI., Teil 1« (um 1589–1592) auf diese Verbindung. Henry Tudor wurde 1485 als Heinrich VII. zum König gekrönt und heiratete 1486 die York-Erbin Elizabeth of York, was die Rosenkriege beendete. Heinrich kombinierte die weiße und die rote Rose zur Tudor-Rose und schuf damit ein Symbol für das Ende des Konflikts und eine vereinte Zukunft.

Die weiße Rose Elisabeths I.

Elisabeth I., die Enkelin Heinrichs VII., regierte 45 Jahre (1558–1603) und heiratete nie. Nachdem England 1588 einen Angriff der Spanische Armada abgewehrt hatte, der ihren Sturz erzwingen sollte, gelang es ihr, das Land in eine Zeit mit großen Errungenschaften zu führen. Entdecker wie Sir Walter Raleigh (1552–1618) reisten in die Neue Welt und beanspruchten dort Territorien für die englische Krone. Seefahrer wie Sir Francis Drake (um 1540–1596) umsegelten die Erde und demonstrierten auf allen Meeren die Macht Englands. In der Heimat bescherten zahlreiche Kunst- und Kulturschaffende wie der Schriftsteller William Shakespeare (1564–1616), der Dichter Edmund Spenser (1552–1599), der Komponist William Byrd (1543–1623) und der Maler Nicholas Hilliard (um 1547–1619) England ein Goldenes Zeitalter des künstlerischen Ausdrucks, das seitdem unübertroffen blieb.

Die unvermählte Herrscherin indes wurde als »jungfräuliche Königin« verehrt, die keines fürstlichen Gemahls bedurfte, da sie mit ihrem Volk »verheiratet« war. Elisabeth erklärte 1559 zu Beginn ihrer Herrschaft: »Kein weltliches Ding unter der Sonne ist mir so lieb wie die Liebe und das Wohlwollen meiner Untertanen« und »am Ende wird mir ein Marmorstein genügen, der davon kündet, dass eine Königin, die so lange regierte, als Jungfrau lebte und starb«.

Zu jener Zeit pflegte man am Hof die Tradition des Rittertums und der höfischen Liebe. Elisabeth war somit die allmächtige Herrin, die ihren untertänigen Verehrern ihre Bitten gewährte oder abschlug und so über einige der mächtigsten Männer des Landes herrschte. Die Königin war sich zudem der religiösen Verbindung der weißen Rose mit der Jungfrau Maria sowie ihrer weltlichen Assoziation mit Liebe und früher Schönheit bewusst und machte sie daher zu einem ihrer Embleme. Viele Porträts zeigen Elisabeth mit einer weißen Rose – und auch mit Perlen, einem weiteren traditionellen Symbol der Jungfräulichkeit.

DIE ROSE IN KUNST UND ARCHITEKTUR

Die von Heinrich VII. geschaffene Tudor-Rose besteht aus einer weißen Rose, die in eine rote Rose eingefasst ist. Dieses Symbol der Einheit wurde vielerorts in architektonischen Details, Gemälden und Kunstwerken aufgenommen. Als »Blume Englands« wurde sie zum Nationalsymbol des Landes. Prächtige Beispiele der Tudor-Rose finden sich in der Kapelle des King's College in Cambridge und im Hampton Court Palace. Auch auf Tudor-Porträts wie dem, das Nicholas Hilliard 1575 von Elisabeth I. anfertigte, ist sie häufig zu sehen.

Die Tudor-Rose

Jenseits des Ärmelkanals waren Rosen vielfach Motive in niederländischen Blumenstillleben. Diese und andere Blumenbilder liefern wertvolle Informationen zu den Rosen, die in den frühen Gärten angepflanzt wurden.

RECHTS Auf diesem Porträt Elisabeths I. von Nicholas Hilliard (1575) sieht man links oben – weiß auf rot – die Tudor-Rose. Die Blüte symbolisiert die Dynastie, die Elisabeths Großvater Henry Tudor gründete. Auch die mittelalterliche Assoziation der Rose mit der Jungfrau Maria passt zu der Monarchin, die als »jungfräuliche Königin« bekannt wurde.

Rosen in Stillleben

Ambrosius Bosschaert der Ältere (1573–1621) zählte zu den ersten Malern, die sich auf Blumenstillleben spezialisierten. In Antwerpen geboren, floh er als Protestant nach der spanischen Eroberung um 1587 vor religiöser Verfolgung in die nördlichen Niederlande. Seine Stillleben malte er meist auf Kupfer und gab die Blumen und Früchte mit nahezu wissenschaftlicher Genauigkeit wieder. Sorgsam arrangierte er seine Kompositionen, bis sie im Hinblick auf Farbe und Form stimmig waren.

So zeigt etwa sein »Stillleben mit Blumen« (1614) eine gelbe Tulpe, eine

LINKS Detail des Gemäldes »Blumenkorb« (1622) von Balthasar van der Ast, der von seinem Schwager Ambrosius Bosschaert der Ältere ausgebildet wurde. Bevor beide Ölgemälde schufen, fertigten sie zunächst Aquarellstudien der Blumen und Früchte an.

weiße Rose und eine rosafarbene Nelke vor dem Hintergrund farbenprächtiger Blumen in einem Korb. In diesem, wie in vielen seiner Werke, stellte er eine Vielzahl von Blumen dar, die eigentlich nicht zur selben Zeit blühen, sodass es unmöglich wäre, diese Blütenpracht im wahren Leben zusammenzustellen. Bosschaert hatte mit seinen Werken großen Erfolg: Für ein Blumenbild, das der Kammerherr des Prinzen von Oranien in Auftrag gegeben hatte, erhielt er 1621 die stolze Summe von 1000 Gulden (umgerechnet 34 500 Euro). Seine Söhne Ambrosius Bosschaert II. (1609–1645), Johannes Bosschaert (1606/08–1628/29) und Abraham Bosschaert (1612–1643) sowie sein Schwager Balthasar van der Ast (1593/94–1657) waren ebenfalls Künstler.

Van der Asts Gemälde »Blumenkorb« (1622), »Chinesische Vase mit Blumen, Muscheln und Insekten« sowie »Blumen, Muscheln und Insekten« (beide um 1628) zeigen ebenso kunstfertige Kompositionen perfekt wiedergegebener Rosen und anderer Blüten.

Rosen in der religiösen Kunst

In der christlichen Welt dienten Rosen als Heilmittel und auch wegen ihrer starken religiösen Assoziationen zog man sie in Klostergärten (siehe S. 115). In der christlichen religiösen Kunst und Ikonografie des 14. bis 17. Jahrhunderts spielten Rose eine wichtige Rolle.

Ein Beispiel hierfür ist der um 1430 vollendete Genter Altar, ein Meisterwerk der Brüder Hubert (um 1385–1426) und Jan van Eyck (um 1390–1441), der auf der Festtagsseite zur Rechten Jesu die Jungfrau Maria zeigt. Ihre Krone ist mit Lilien, Rosen, Maiglöckchen und Akeleien geschmückt. Rosen stehen dabei für Liebe, Maiglöckchen für Glück, Lilien für Jungfräulichkeit und Akeleien für Demut. Im unteren Bereich sieht man die Verehrung des Lamms Gottes, flankiert von Rosensträuchern, die von Märtyrern durchschritten werden.

In einem weiteren Meisterwerk Jan van Eycks, der »Madonna am Springbrunnen« (1439), rahmen Rosenbüsche das zentrale Motiv: Vor einem von Engeln emporgehaltenen Ehrentuch hält die Jungfrau Maria das Christuskind im Arm. Die Rosen und die von Jesus gehaltenen Perlen spielen auf den Rosenkranz an, mit dem Katholiken ihre Gebete zählen.

Ebenfalls eine herausragende Darstellung einer Madonna mit Rosen ist die »Madonna im Rosenhag« (um 1440–

1442; siehe S. 122) des deutschen Künstlers Stefan Lochner: Die zahlreichen roten und weißen Rosen im Hintergrund der sitzenden Jungfrau symbolisieren ihre Reinheit und Unschuld.

Rosenwunder

In vielen Wunderlegenden zu heiligen Frauen geht es um wundersame Erscheinungen von Rosen (siehe S. 126–129). Eine dieser Legenden bezieht sich auf das Rosenwunder, das sich 1531 in Mexiko zugetragen haben soll: Am 9. Dezember erschien einem einheimischen Arbeiter namens Juan Diego die Jungfrau Maria auf einem Hügel im heutigen Mexiko-Stadt und wies ihn an, dem örtlichen Bischof Fray Juan de Zumárraga die Botschaft zu überbringen, Maria habe die Tränen und den Kummer der Armen gesehen und wolle ihr Los verbessern. Damit dies geschehe, solle der Bischof eine Kapelle für sie errichten. Dieser aber glaubte dem Arbeiter nicht und schickte ihn fort. Am selben Tag sah Juan die Jungfrau ein zweites Mal. Wieder sandte sie ihn zum Bischof.

Als Juan am folgenden Tag, dem 10. Dezember, erneut den Bischof aufsuchte, weigerte der sich wieder, der Botschaft zu folgen. Stattdessen verlangte er von Juan, er solle die Jungfrau als Beweis ihrer Identität um ein Wunderzeichen bitten. Am nächsten Tag, dem 11. Dezember, ging Juan jedoch nicht zu dem Hügel, denn sein Onkel war sehr krank. Frühmorgens am 12. Dezember lag der Onkel im Sterben. Juan machte sich daraufhin auf den Weg, um einen Priester zu holen, der seinem Onkel die Beichte abnehmen und die letzte Ölung geben sollte. Dabei mied er den Hügel, an dem er die Jungfrau getroffen hatte, da er bereute, am Vortag nicht zu ihr gegangen zu sein. Sie aber fing ihn auf seinem Weg ab. Als Juan seine Lage erklärte, wies sie ihn sanft zurecht, weil er sie nicht um Hilfe gebeten hatte. Darauf sprach sie die berühmten Worte, die heute über der Tür der Basilika von Guadalupe eingemeißelt sind: »Bin ich nicht hier, ich, deine Mutter?« Sie sagte ihm auch, sein Onkel sei genesen. Dann zeigte sie ihm ein Meer aus kastilischen Rosen, die in der Nähe wuchsen, obwohl es mitten im bitterkalten Winter war. Nachdem Juan einige Blumen gepflückt hatte, legte sie diese sorgsam in seinen Mantel, sodass er sie beim Gehen tragen konnte. Vor dem Bischof öffnete Juan seinen Mantel, die Rosen fielen heraus und enthüllten ein Abbild der Jungfrau.

RECHTS »Das Rosenwunder« (um 1735–1740) von André Gonçalves ist eine Darstellung der wundersamen Verwandlung von Brot in Rosen. Nach dieser Version verbirgt Königin Elisabeth von Portugal das Brot für die Armen vor ihrem Gatten. Als dieser nachsehen will, hat es sich in Rosen verwandelt (siehe S. 129).

DIE ROSE IN DER DICHTKUNST

In den Werken Shakespeares spielen Rosen eine wichtige Rolle. Oft stehen sie für Vollkommenheit, wie z. B. die ersten Zeilen von »Sonett 1« (veröffentlicht 1609) zeigen: »Vom Schönsten wünschen wir, dass es sich mehrt, / sodass der Schönheit Rose niemals sterbe.« »Der Schönheit Rose « bezieht sich sowohl auf die Rose als Beispiel größter Schönheit als auch auf die Blüte der Schönheit in der Jugend. Über Shakespeare hinaus diente die Rose in der Dichtkunst häufig als Metapher für Schönheit und war Symbol der Liebe.

Die Rose im Werk William Shakespeares

In einer berühmten Szene seines Historiendramas »Heinrich VI.« beschreibt William Shakespeare, wie die englischen Adligen in Vorahnung der Rosenkriege zum Zeichen der politischen Parteinahme rote oder weiße Rosen wählen. Mit den rechts zitierten Worten pflückt der Earl of Warwick nach einem Streit zwischen einer Gruppe von Adligen aus den verschiedenen Lagern eine weiße

Und ich verkünde hier:
Der heut'ge Zwist,
der ward zum Bruch im Tempelgarten,
werde zwischen roter Rose und der weißen
Tausende zu Todesnacht und
Tode reißen.

William Shakespeare: *Heinrich VI., Erster Teil* (um 1589–1590)

»ROSE« ALS WORT DER ZUNEIGUNG

In seinen Werken verwendete Shakespeare oft das Wort »Rose« als liebevolle Anrede. So nannte der Dichter beispielsweise im »Sonnet 109« seine Geliebte »meine Rose«, während die im Stück »Richard III.« namenlose Königin den König als »meine schöne Rose« (5.1.8) bezeichnet. Und in der Tragödie »Hamlet« (1599–1601) bezieht sich Laertes auf seine geliebte Schwester Ophelia mit den Worten: »Oh Maienrose / Teure Maid, liebe Schwester, süße Ophelia« (4.5.158–159).

Rose, um in dieser Angelegenheit seine Zugehörigkeit zum Bündnis der Yorks zu signalisieren.

Im »Sonett 54« aus dem Jahr 1609 hingegen bezieht sich Shakespeare auf Duft und Schönheit der Rose: »So anmutig die Ros' sich gibt – noch viel mehr ist bei uns beliebt / der süße Duft, der in ihr lebt« (Zeile 3–4). In den folgenden Zeilen vergleicht er die duftende Rose (vermutlich eine Damaszener-Rose) mit der Hundsrose (*Rosa canina*), einer Wildrose, die trotz ihrer herrlichen Färbung kaum duftet. Das Sonett beschreibt weiter, die Hunds-Rose würde weit weniger geschätzt und ihr Sterben würde uns kaum berühren: »Doch ihre Tugend ist nur Schein« (Zeile 9). Dies lässt sich so interpretieren, dass ihr Aussehen ihre einzige gute Eigenschaft ist. Als Folge davon heißt es: »Sie blüht allein und welkt ungesehen / Sie stirbt nur für sich« (Zeile 10–11). Die duftende Rose hingegen ist selbst nach ihrer Blüte noch nützlich: »Ihr süßer Tod lässt süßen Duft entstehen« (Zeile 12).

Die Rose in Gedichten und Theaterstücken

Auch in seiner Komödie »Viel Lärm um nichts« (um 1598–1599) unterschied Shakespeare zwischen Hundsrosen und Zuchtrosen. So äußert sich Don John, der uneheliche Bruder Don Pedros von Aragonien, herablassend über seinen mächtigeren Bruder, indem er erklärt: »Lieber wäre ich eine Hundsrose in einer Hecke als eine Edelrose von seinen Gnaden« (1.3.27).

Die oben abgebildete Illustration zeigt Romeo und Julia in einem Garten. Wegen ihrer Herkunft können die aus rivalisierenden Familien stammenden Liebenden nicht zusammenkommen. Doch Julia wehrt sich: »Was ist schon ein Name? Was wir Rose nennen, duftete mit jedem anderen Namen ebenso süß«.

Daneben diente die Rose bei Shakespeare oft auch als Metapher für Jugend und jugendliche Schönheit. So beschreibt z. B. die epische Versdichtung »Venus und Adonis« (1593) den »rosenwangigen Adonis bei der Jagd« (Zeile 3). Im selben Werk nimmt der Dichter Bezug auf die Dornen des Rosenstrauchs, indem er die Beharrlichkeit eines Liebhabers mit einem Menschen vergleicht, der trotz abschreckender Dornen eine Rose pflückt (siehe Kasten rechts).

Und auch im Historienspiel »Antonius und Cleopatra« (vermutlich 1603–1607) steht die Rose für die Jugend und ihre Vergänglichkeit. Wie eine Blume blüht, vergeht und verfällt, erblüht auch der Mensch in jugendlicher Schönheit und Macht, um im Alter an Bedeutung und Rang einzubüßen. Antonius spricht in diesem Zusammenhang von »der Jugend Rose« (3.11.20), während Kleopatra ihre verlorene Schönheit mit dem Bild einer verblühten, absterbenden Rose beklagt: »Seht, meine Frauen / der verblühten Rose rümpfen sie die Nase, / die vor der Knospe niederknieten.« (3.11.38–40). Damit bezieht sie sich auf ihre Dienerinnen, die einst den Duft der knospenden Blüte genossen, den Geruch der welkenden Rose nun jedoch meiden.

Ebenso deutlich wird die Symbolhaftigkeit der Rose in der Tragödie »Romeo und Julia«: Darin beklagen die unglücklich Liebenden Romeo und Julia – Sprösslinge der verfeindeten Häuser Capulet und Montague –, dass sie wegen ihrer Abstammung kein Paar werden können. Julia erklärt: »Doch nur dein Name ist mein Feind«, und ergänzt: »Was ist schon ein Name? Was wir Rose nennen, / duftete mit jedem anderen Namen ebenso süß« (2.2.43–44). Hiermit wird betont, dass eine Rose nicht süß duftet, weil wir sie »Rose« nennen. Sie würde ebenso verlockend duften, wenn sie »Tulpe« oder »Brennnessel« hieße. »Süß wie eine Rose« war zu Shakespeares Zeiten übrigens eine beliebte Wendung.

Den Liebenden soll'n keine Worte oder
Blicke schrecken
Denn auch die dornige Rose wird
gepflückt.
Wo Schönheit hinter zwanzig Schlössern
ist gefangen,
wird Liebe einen Weg hindurch erlangen.

William Shakespeare: *Venus und Adonis* (1593)

OBEN Ähnlich wie Jean-Baptiste Robie (um 1821–1910) in seinen Blumenstillleben thematisierten viele Dichter in ihren Werken Rosen. So ließ Thomas Campion (1567–1620) eines seiner Gedichte mit den Worten beginnen: »Ihr Antlitz ist wie ein Garten, in dem Rosen und weiße Lilien blühen.«

Die Rose in der Dichtung

Der Dichter und Komponist Thomas Campion (1567–1620) wandte sich im Gedicht *My Life's Delight* (»Meines Lebens Freude«) mit folgenden Worten an seine Geliebte: »Du umschließt die Lieblichkeit / Wie ein Wörtchen der Glückseligkeit. / Die Schönheit über deinen Liebreiz wacht / wie sie die Rose rein und ewig macht.«

Der Dichter und Dramatiker Christopher Marlowe (1564–1593) hingegen sieht in seinem berühmten Gedicht *Come live with me and be my love* ein Bett aus Rosen als den idealen Ort trauter Zweisamkeit: »Komm, leb' mit mir und liebe mich [...] / [...] Ich mache dir ein Rosenbett / und tausendfaches Duftbukett.«

Und auch Richard Lovelace (1617–1657), ein Dichter des 17. Jahrhunderts, sah Rosen als Blumen der Liebe. 1642, in zeitweiliger politischen Haft, schrieb er an seine Geliebte (siehe Kasten rechts).

Wenn die Liebe unbeschränkt,
vom Kerker auf sich schwingt,
Und meine Göttin zu mir
lenkt [...]
Bin ich von ihrem Haar
umwoben [...]
Wenn man rundum dem Weine frönt,
zu lindern alle Schmerzen,
mit Rosen sind wir froh bekrönt,
treu flammend unsere Herzen.

RICHARD LOVELACE: *An Althea, aus dem Gefängnis*

In seinem Gedicht *The Rose* (»Die Rose«) richtet der Dichter sein Wort an die Blume und bittet sie, das Zimmer der Geliebten zu schmücken, Boden und Sitze zu bedecken und ihr Haar zu zieren.

Sieh! Rosig ist die Laube ihr,
am Boden nur der Blüten Zier;
ihr Bett voll Rosendunst
durch Rosenbeetes Gunst.

RICHARD LOVELACE: *The Rose* (1642–1646)

Die Rose bezeichnet er als »himmlische Blume, süß und heiter«, beschreibt sie als »zinnoberrote Kugel, im Himmel von Mund zu Mund gereicht« und nennt sie »geliebter Spross der holden Venus und des süßen, lustvollen Silenus«, wobei er sich auf die römische Liebesgöttin Venus und Silenus, einen Gefährten und Lehrer des Weingottes Bacchus, bezieht.

Pflanzenkundliche Texte

Neben der Dichtkunst beschäftigten sich auch botanische Werke mit Rosen. So enthält das Werk *Herball or Generall Historie of Plantes* (1597) des englischen Botanikers John Gerard (um 1545–1612) die Beschreibung einer Zentifolie, die er als »Große Holland-Rose« bezeichnete. Das 1484 Seiten starke, illustrierte Handbuch des Autors, der in London einen großen Kräutergarten besaß, stützte sich auf die englische Übersetzung des 1554 veröffentlichten *Cruydt boek* (»Kräuterbuch«) des flämischen Arztes und Botanikers Rembert Dodoens (1517–1585).

In seinem Werk nennt Gerard die Rose »*R. damascena flore multiplici*, die Große Holland-Rose, gemeinhin Provins-Rose genannt«. Für diese Rose – heute als *R. centifolia* 'Gros Choux d'Hollande' bekannt – ist eine Verbindung mit den Niederlanden belegt, da sie oft auf niederländischen Blumengemälden des 17. Jahrhunderts abgebildet ist. Gerard beschrieb nicht nur die Pflanze selbst, sondern ging auch detailliert auf ihre medizinische Verwendung ein.

So schrieb er, Rosenwasser sei gut zur »Stärkung des Herzens und Erfrischung des Geistes«. Daneben beschrieb er auch die Anwendung bei Augenentzündungen und Verstopfung. Besonders wirksam sei »Saft« aus Moschus-Rosen und Damaszener-Rosen. Zudem erwähnte er Rosenwasser als ein Heilmittel gegen Schlaflosigkeit (»Es bringet Schlaf«) und eine gute Hilfe »bei allen Dingen, die sanfter Kühlung bedürfen«. Gerard ergänzte, Rosensirup (auf Lateinisch *Serapium*) sei ein Beruhigungsmittel, das auch zur Behandlung von Fieber und zur Linderung von »Entzündungen der Eingeweide« eingesetzt werden könne. Er beobachtete, dass sich dieselbe Wirkung mit gezuckerten Rosenblütenblättern erzielen ließ, die über dem Feuer erhitzt wurden.

ROSENHEILMITTEL IN DER ISLAMISCHEN MEDIZIN

Auch in der islamischen Welt waren Rosen und Rosenerzeugnisse gängige Heilmittel. So beschrieb z. B. der Arzt Ishak bin Murat im 14. Jahrhundert in seinem Werk *Edviye-i Müfrede* (»Einfache Medikamente«) die Verwendung von Rosenpulver, das man durch Zerstoßen getrockneter Blütenblätter im Mörser herstellte, als Heilmittel für Hautkrankheiten. Das Präparat wurde unter anderem in türkischen Bädern verwendet und diente außerdem zur Behandlung von Krätze.

Schon im 13. Jahrhundert schrieb der andalusische Arzt, Botaniker und Pharmakologe Ibn al-Baitar (1197–1248) über die beruhigende Wirkung von Rosenwasser und empfahl dessen Verwendung bei angstbedingtem Herzrasen. Gegen Kopfschmerzen riet er, es aufzukochen und den Kopf in den aufsteigenden Dampf zu halten. Zudem erwähnte er Rosenwasser als ein probates Mittel gegen Augenerkrankungen. Darüber hinaus schrieb er: »Rosenwasser stärkt Geist und Verstand, schärft die Sinne und erhöht die Lebenskraft.«

Zum Zeitpunkt dieser Empfehlungen rieten islamische Ärzte und Botaniker schon seit Jahrhunderten zu Rosen, Rosenwasser und anderen Rosenerzeugnissen als Heilmittel. So empfahl der Arzt und Philosoph Al-Kindī (801–873) im 9. Jahrhundert n. Chr. bei Erkrankungen von Leber und Mund sowie bei Magenschmerzen und Geschwüren Rosenheilmittel. Etwa zur gleichen Zeit befürwortete der als Botaniker, Astronom und Historiker bekannte Universalgelehrte ad-Dīnawarī (815–896) die Behandlung von Fieber mit Rosenwasser.

ROSEN ALS SÄUGLINGSNAHRUNG

Im 15. Jahrhundert beschrieb der Autor Eşref bin Muhammed die Verwendung von Rosenwasser zur Zubereitung von Säuglingsnahrung. Insbesondere schlug er vor, Honig mit Rosenwasser aufzukochen und den sich bildenden Schaum abzuschöpfen. Die übrig bleibende Flüssigkeit solle man dann mit geriebenem Weißbrot vermischen, um einen Babybrei herzustellen.

Im 11. Jahrhundert beschrieb der im Westen als Avicenna bekannte Arzt und Astronom Ibn Sīnā (980–1037) die wohltuende Wirkung von Rosen und Rosenduft auf Herz und Geist. Den Duft beschrieb er als beruhigend und »sehr nützlich bei Ohnmacht und schnellem Herzschlag«. Zudem war er der Ansicht, Rosenduft unterstütze die Gehirnfunktion, fördere die Konzentration und verbessere das Gedächtnis. Seine Lehrmeinung hatte über Jahrhunderte hinweg großen Einfluss: So wurde sein anno 1025 fertiggestelltes fünfbändiges Werk »Kanon der Medizin« im 13. Jahrhundert ins Lateinische übersetzt und avancierte auch im Westen zu einem medizinischen Standardwerk, das bis ins 18. Jahrhundert verbreitet war.

Für Avicenna waren Rosenwasser und Rosenduft sowohl für den Körper als auch für den Geist von Nutzen. Nicht umsonst schrieb er über den wohltuenden Rosenduft: »Die Rose spricht die Seele an.« Ähnliches beschrieb im 15. Jahrhundert Mahmud von Schirwan, der den Rosenduft als »Duft der Engel« bezeichnete. In seinem heilkundlichen Werk *Kemaliye* erwähnte er auch die Praxis, den Körper nach dem Baden mit Rosenpulver einzureiben, um ihn wohlriechend zu parfümieren und den Geist zu entlasten.

ROSEN AM OSMANISCHEN HOF

Rosenwasser und Erzeugnisse wie Rosensirup und Rosensorbet waren am Hof der osmanischen Sultane sehr beliebt. So reichten Diener zu Banketten und Treffen hochrangiger Beamter Rosenwasser. Zudem war es wichtiger Bestandteil der *Miski* (Duftseife), die im Istanbuler Topkapı-Palast verwendet wurde. Auch in den Nachspeisen der dortigen *Helvahane* (Halva-Küche) diente es als Zutat. Darüber hinaus zählte Rosenwasser in dekorativen Flaschen auf den offiziellen Listen zu den begehrtesten Geschenken für die osmanischen Sultane.

Zu den Parks des Topkapı-Palastes am Marmarameer gehörte der Gülhane-Garten, der dem Anbau von Rosen gewidmet war. Der Name *Gülhane* (»Haus der Rosen«) leitete sich vom verwandten persischen Wort *Gulkhana* her. Im Frühling pflückten Palastbedienstete die Blüten, aus denen vor Ort Rosenwasser und andere Rosenerzeugnisse hergestellt wurden. Angesichts des großen Bedarfs des Herrscherhauses, den die Istanbuler Anlagen nicht alleine decken konnten, bezog man diese Erzeugnisse auch aus anderen Quellen. So erwarben Palastbeamte im Jahr 1642 etwa 2000 Liter Rosenwasser.

Große Mengen an Rosensetzlingen und Rosenwasser wurden aus Edirne (ehemals Adrianopel, im Nordwesten der Türkei) eingeführt – dem Zentrum des Rosenanbaus und der Rosenwasserherstellung im Osmanischen Reich. Die nach Istanbul geschickten Setzlinge wurden in den dortigen Palastgärten angepflanzt.

ERST EINMAL ROSENWASSER …

Eine berühmte Legende rankt sich um Sultan Mehmed II. (reg. 1444–1446 und 1451–1481), der die Istanbuler Kirche Hagia Sophia in eine Moschee umwandelte: Bevor diese geöffnet werden durfte, ließ er sie angeblich mit Rosenwasser reinigen (siehe S. 134).

Auch in Edirne gab es einen *Gülhane*-Garten. Laut dem Universalgelehrten Kâtib Çelebi (1609–1657), der unter anderem geografische Enzyklopädien verfasste, besaß die Stadt insgesamt 450 Rosengärten. Sie befanden sich an den Ufern der drei Flüsse im Stadtgebiet, die im Winter regelmäßig über die Ufer traten und die angrenzenden Ländereien überschwemmten.

Der Schriftsteller Evliyâ Çelebi (1611–1682), der in seinen Werken über seine Reisen durch das Osmanische Reich berichtete, schrieb: »Keine andere Gegend in ganz Anatolien weist einen so fruchtbaren Boden auf, der sich bis in alle Winkel der Region erstreckt.« Um dies zu belegen, erwähnte er die Fülle dort wachsender Blumen, darunter vor allem Hyazinthen, Basilikum und Rosen.

RECHTS Diese Miniatur aus einem Album der Topkapı-Serail-Bibliothek (um 1481) zeigt Mehmed II. mit einer Rose, die die Liebe des Sultans zur Kultur symbolisiert.

Die Herstellung von Rosenwasser

Aber nicht nur die Elite der herrschenden Schicht verwendete Rosen und Rosenwasser. Laut dem Schriftsteller Evliyâ Çelebi gab es in den 1640er-Jahren in Istanbuls Altem Basar 14 Läden für Rosenwasser, die 70 Mitarbeiter beschäftigten. Verkäuferinnen aus Edirne verkauften Rosenwasser, das sie aus großen Kupferkesseln schöpften, die vor dem Basar aufgestellt waren.

Der Rosenanbau und die Herstellung von Rosenwasser hatten in Ana-

UNTEN Das Gemälde »Der Parfümhersteller« von Rudolf Ernst zeigt Arbeiter, die Rosen in Körben herbeitragen und die Blütenblätter von Hand abzupfen, bevor sie sie zur Destillation in große Keramiktöpfe geben.

tolien eine lange Tradition. Schon im 13. Jahrhundert erwähnte der andalusische Botaniker und Pharmakologe Ibn al-Baitar, dass die Rosen aus Nisibis (heute Nusaybin in der türkischen Provinz Mardin) am stärksten dufteten und zu Rosenwasser verarbeitet wurden.

Auch der marokkanische Autor und Gelehrte Ibn Battūta (1304–1369) berichtete vom Rosenanbau und der Rosenwasserherstellung in Nisibis und schrieb dem Rosenwasser dort einen »einzigartigen Duft und Geschmack« zu. Der arabische Geograf Al-Dimashqi (1256–1327) bezeichnete Nisibis ebenfalls als ein wichtiges Zentrum der Rosenwasserherstellung und beschrieb, wie das dort erzeugte Rosenwasser in Flaschen abgefüllt und in die ganze muslimische Welt verschifft wurde.

ROSENWASSER IM NAHEN OSTEN

Viele Überlieferungen berichten von der Entdeckung des Rosenwassers und seiner Verwendungsmöglichkeiten. Eine davon nennt als Ursprung den Brauch der Turkvölker, Opfertiere wie Pferde mit duftendem Wasser zu waschen. Rosen wuchsen in Nahen Osten wild, wurden aber auch in bedeutenden Städten wie Konstantinopel kultiviert. So hatten Rosenwasser und Rosenerzeugnisse bereits am byzantinischen Hof eine ebenso große Bedeutung wie bei den späteren osmanischen Herrschern.

Große Mengen an Rosenwasser wurden auch zu Heilzwecken genutzt. So verfügte laut einem offiziellen Dokument von 1489 das 1488 gegründete Krankenhaus in Edirne über drei bleierne Öfen, die zur Herstellung von Rosenwasser dienten.

Rosenwasser spielt auch heute noch bei persischen Neujahrsfeiern eine wichtige Rolle, bei denen alle Familienmitglieder und Besucher mit einem Spritzer Rosenwasser aus einem silbernen Behälter namens *Gulabaksh* gesegnet werden. Das Wasser wird auf die Handflächen und das Gesicht gespritzt und verrieben, was eine spirituelle Bedeutung hat: Die Rose heilt das Herzchakra von schmerzhaften Gefühlen und ersetzt sie durch Frieden, Harmonie, Klarheit, Liebe und Freude.

Aus welchem unsichtbaren Rosen-
garten kam diese Rose zu mir,
deren Parfüm mich wahnsinnig
und klarsichtig macht?

Rumi (1010)

Rosa moschata plena

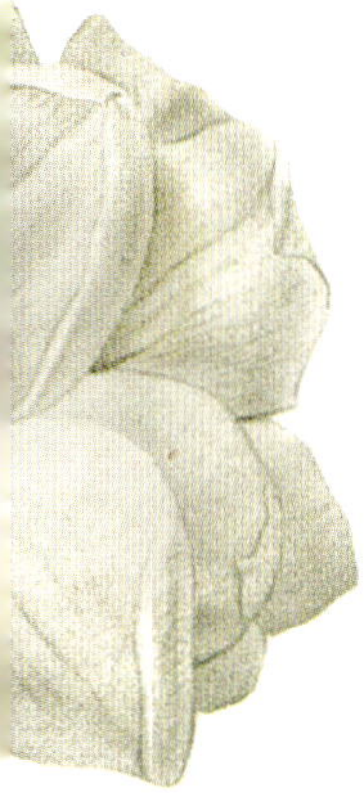

7

INNEHALTEN FÜR DEN ROSENDUFT

(1650–1789)

Seit Jahrhunderten wissen wir von den Wohltaten und medizinischen Vorteilen rund um Rosenwasser und Co. Dieses Themenspektrum lässt sich um den allseits geschätzten Duft der Rosen erweitern. So legt eine aktuelle Studie nahe, dass es einen wissenschaftlichen Grund dafür gibt, »innezuhalten und den Rosenduft zu genießen« (wie es der US-amerikanische Profi-Golfer Walter Hagen formuliert haben soll). Dieser Studie der Psychologen Mitchel G. Adler und Nancy S. Fagley zufolge sind wir glücklicher, wenn wir uns Zeit für die positiven Dinge im Leben nehmen, und »den Wert sowie die Bedeutung von etwas anerkennen – sei es ein Ereignis, ein Verhalten oder ein Objekt – und eine positive emotionale Verbindung dazu spüren«.

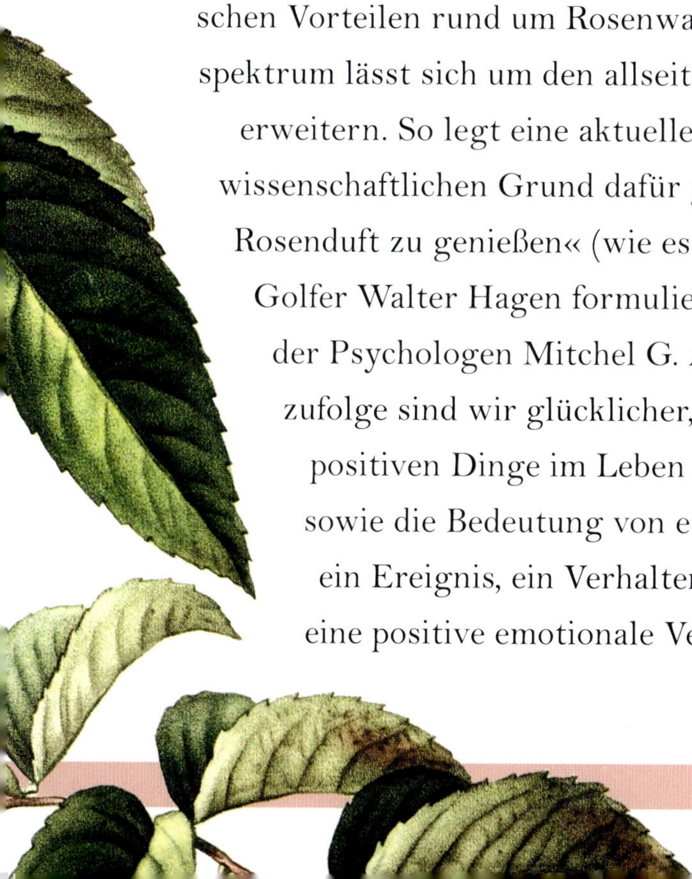

DER DUFT DER ROSEN

Rosa bifera officinalis, bekannt als »Rose des Parfümeurs«

BEI DEN MEISTEN Rosenliebhabern spielt der Duft von Rosen in ihren persönlichen Erinnerungen eine wichtige Rolle. Der Medizinhistoriker Jonathan Reinarz schrieb dazu in seiner 2014 erschienenen Geschichte der Gerüche und Düfte:

> *Geruch ist eine flüchtige Empfindung: In dem Moment, in dem wir einen Duft wahrnehmen, wird er zu einem vergangenen Geruch. Nimmt man ihn jedoch später im Leben erneut wahr, ruft er augenblicklich äußerst lebendige Erinnerungen wach.*
>
> REINARZ: *Past Scents* (2014)

Die Subjektivität der Duftwahrnehmung

Düfte sind eine ganz individuelle Erfahrung. Nehmen wir an, zwei Personen schlendern durch einen Rosengarten. Eine bestimmte Blüte spricht beide an, sie beugen sich vor, lassen ihren Duft auf sich wirken und eine der beiden Personen meint: »Diese Rose duftet unglaublich! Sie erinnert mich an meine Kindheit.« Während die zweite Person, die an genau derselben Rose riecht, feststellt: »Ich rieche gar nichts!«

DER DUFT DER ROSE 'AUTUMN DAMASK'

In einem Artikel des *Historic Rose Journal* von 1999 würdigte Duftexperte Robert Calkin die Damaszener-Rose 'Quatre Saisons Continue' ('Autumn Damask', vor 1633) als eine der »am besten duftenden Rosen der Welt« und behauptete gar: »Hätte Sonnenschein einen Duft, wäre es dieser!«

Den herrlichen Geruch dieser Rose erklärt er durch ihre Herkunft: Von der Moschus-Rose stammt der würzige Duft nach Moschus und Nelke, der gleichzeitig fruchtig und bananenartig ist. Den angenehmen Geruch einer Alten Rose steuert die Essig-Rose bei, die nach rosa Pfeffer, Weihrauch, Rose und Myrrhe sowie Holznoten duftet. Beim Pollenelternteil handelt es sich um *Rosa fedtschenkoana*, eine um 1871 von den russischen Botanikern Alexei und Olga Fedtschenko entdeckte Rosenart. *Rosa fedtschenkoana* ist in Zentralasien und Nordwestchina beheimatet und hat einen starken, an Leinöl erinnernden Duft. Somit ist die Rose 'Autumn Damask' ein hervorragendes Beispiel für die Bandbreite an Rosendüften.

Rosa damascena 'Quatre Saisons Continue'

In einem Interview von 2015 verglich der Rosenzüchter Michael Marriott den Duft der *Rosa fedtschenkoana* mit »ein wenig Brombeermarmelade auf Weizenkeim-Brot«. Ein gutes Beispiel für die Subjektivität des Geruchsempfindens!

Einige Experten vermuten, dass die ursprüngliche 'Quatre Saisons' ausgestorben ist. Die Sorte 'Autumn Damask' wurde jedoch 1959 von Graham S. Thomas wiedereingeführt, nachdem er sie als Sport der Sorte 'Perpetual White Moss' entdeckt hatte.

Duft – eine raffinierte Angelegenheit

Dass Duft eine sehr komplexe Wahrnehmung ist, machten die Ärzte Linda B. Buck und Richard Axel deutlich, denen 2004 der Medizin-Nobelpreis zuerkannt wurde. Sie wiesen in ihren Forschungsergebnissen nach, dass wir ungefähr 1000 Gene besitzen, die unsere unterschiedliche Geruchswahrnehmung steuern. Diesen Nuancenreichtum von Gerüchen beschrieb auch die Dozentin für Städtebau und Stadtplanung Victoria Henshaw in ihrem 2013 erschienenen Buch über urbane Duftlandschaften. Darin erklärte sie, dass wir trotz der bereits erwähnten Genvielfalt mit nur sehr wenigen Geruchsvorlieben zur Welt kommen, die erst im Lauf unseres Lebens durch Lernerfahrung erweitert werden. Ausschlaggebend hierfür sind unsere jeweilige Kultur, unsere Kindheitsumgebung und unsere Geruchskontakte vor allem in früher Kindheit.

Auch der Naturforscher Carl von Linné (siehe S. 12) beschränkte sich im 18. Jahrhundert nicht nur auf die Klassifizierung von Pflanzen, sondern er wies Gerüche sieben Hauptkategorien zu: »würzig«, »wohlriechend«, »moschusartig«, »knoblauchartig«, »ziegenartig«, »übel riechend« und »ekelerregend«. Ähnliche Kategorien entwickelte der Neurowissenschaftler Jason Castro vom Bates College im US-Bundesstaat Maine: »duftend, holzig, fruchtig, zitronig, minzartig, süß, popcornartig, chemisch, stechend und faulig«. Der englische Parfümeur Eugène Rimmel (1820–1887) zählte sogar 18 angenehme Duftkategorien.

An einer Kategorisierung der Gerüche versuchte sich auch sein Landsmann, der Chemiker und Parfümeur George William Septimus Piesse (1820–1882), in seinem 1857 erschienenen Werk zur Kunst der Parfümerie. Darüber hinaus schuf Piesse das sogenannte Odaphone, eine Skala zur Einteilung von Düften, die ähnlich einer Tonleiter funktionierte. Die tiefste Note des Registers bildete dabei der Duft von Patschuli, die höchste Note entsprach dem Rosenduft. Mit dieser »Klaviatur der Düfte« ließen sich Duftakkorde bilden, mithilfe derer er Parfüms komponierte – eine Art Musikwissenschaft mit rosigen Harmonien!

RECHTS Das Gemälde »Die Seele der Rose« (oder »Meine süße Rose«, 1908) stammt vom britischen Künstler John William Waterhouse, der sich für seine Bilder häufig von den Erzählungen der Romantik inspirieren ließ. Auf diesem Gemälde stellt er eine junge Frau dar, die vom Duft einer Rose ganz entrückt ist.

Die Klasse der »Moos«-Rosen besitzt ähnliche Blüte- und Dufteigenschaften wie ältere Rosenklassen. Die »moosartigen« Drüsen an den Knospen unterscheiden diese Rosenklasse jedoch von ihrer Vorgängerart, den Zentifolien.

Verschiedene Duftvariationen

Ebenso variantenreich wie die Vielfalt an Arten, Farben und Blütenformen sind die Düfte von Rosen. So können Rosen den typischen Geruch Alter Rosensorten verströmen oder nach Tee, Myrrhe und Moschus duften – um nur einige zu nennen. Überraschend sind die Fruchtaromen einiger Blüten, die beispielsweise an Apfel, Banane, Schwarze Johannisbeere, Zitrusfrüchte, Guave, Litschi, Birne, Himbeere oder Erdbeere erinnern.

ZWEI DÜFTE VON EINER ROSE

Die Wein-Rose (*Rosa rubiginosa*, auch bekannt als *Rosa eglanteria*) ist eine in Europa und Westasien vorkommende Rosenart. Sie wird auch Sweet Briar oder Apfel-Rose genannt, weil sie an warmen Tagen einen süßen, manchmal fruchtigen Duft verströmt, der bei sanftem Wind oder leichtem Regen freigesetzt wird. Die Rosenblüte selbst besitzt einen natürlichen Rosenduft. Drückt man jedoch die unteren Teile der Blätter zwischen den Fingern zusammen, duftet sie nach grünen Äpfeln! Einen literarischen Verweis auf diese Rose liefert bereits William Shakespeares Komödie »Ein Sommernachtstraum« (1595–1596):

Ich weiß einen Ort, von Thymian umweht,
Wo Schlüsselblume und Veilchen steht,
Wo unter der Kuppel aus Geißblatt bedeckt
Moos- und Wein-Rosen sind versteckt. (2.1. 235–239)

Bei der Klasse der Moosrosen hingegen handelt es sich um eine Mutante (Sport) der Zentifolien. An den Blütenknospen befinden sich Drüsen, die ihr eigenes öliges (zuweilen klebriges) Duftsekret produzieren. Die Duftnoten dieses Sekrets reichen von Zitrusfrüchten, Kiefer oder Anis bis hin zu erdigen Noten. Sie kontrastieren und ergänzen den Rosenduft der Blüten. Wer die »bemoosten« Stiele und Blütenkelche berührt, hat diesen Duft an den Fingern. Riecht man dann an der Blüte, hat man gleich zwei Düfte gleichzeitig in der Nase!

'Kazanlik' und die Duftkomposition

Gemäß den Erkenntnissen von Duftexperten ist das Zusammenspiel der chemischen Substanzen, die den speziellen Duft von Rosen ausmachen, nicht minder komplex als die Rosenvarianten selbst. Als Beispiel hierfür führte der Parfümeur Robert Calkin in seinem Fachartikel für das *Historic Rose Journal* (siehe S. 165) die Damaszener-Rose 'Kazanlik' (vor 1612) an, die häufig für die Herstellung von Rosenöl, Rosenwasser und Parfüms verwendet wird.

Laut Calkin setzt sich ihr Duft aus 400 bekannten Inhaltsstoffen zusammen. In seinem 1994 erschienenen Buch über Praxis und Prinzipien der Parfümerie führte der Duftexperte weiter aus, dass keine Rose wie die andere riecht. Dies sind einige Beispiele:

- 'Lady Hillingdon' (Teerose, 1910): kräftiger Teeduft mit Aprikosennoten
- 'Madame Isaac Pereire' (*Bourbon*-Rose, 1876): intensiver Himbeerduft, gehaltvoll wie reifes Obst
- 'Belle de Crécy' (*Gallica*-Rose, 1829): kräftiger, süßer Rosenduft
- 'Madame Alfred Carrière' (*Noisette*-Rose, 1875): Duft nach süßem Tee
- Damaszener-Rose 'Ispahan' (vor 1827): Rose mit exquisiten Duftnoten (Honig, Schokolade, Vanille), Balsam-, Holz-, Patschuli- und Moschusnoten

Die Klasse der Essig-Rosen und die Klassen, die daraus entstanden sind (unter anderem Damaszener-, Zentifolien- und *Alba*-Rosen), enthalten Duftkomponenten, die als Rosenalkohole bezeichnet werden. Sie tragen Namen wie 2-Phenylethanol, Citronellol, Geraniol und Nerol. In jeder Rose kommen diese Alkohole in unterschiedlichen Anteilen vor, und ihre Duftprofile lassen sich laut Calkin folgendermaßen beschreiben:

- 2-Phenylethanol hat einen »weichen, rosenblütenartigen« Charakter und ist der Hauptbestandteil von Rosenwasser.
- Citronellol wird als »wunderbar warm und lebendig« beschrieben, duftet gras- und zitrusartig und ist bei einigen *Rugosa*-Hybriden vorherrschend.
- Geraniol ist ein schärferer, blumiger, »geranienartiger« Rosenalkohol. Von ihm wird gesagt, dass er Düfte hervorhebt, verstärkt, bindet und modifiziert.
- Nerol gilt als der »schärfste« Rosenalkohol und als »frischer« als die übrigen Alkohole – ein süßer Rosenduft mit einer bitteren Zitrusnote.

Aus all diesen Rosenalkoholen setzt sich der Duft Alter Rosen zusammen, der unseren Nasen so eingängig und vertraut ist. Für sich genommen entfaltet jeder dieser Alkohole hingegen eine weniger intensive Wirkung.

RECHTS Ihren herrlichen Duft verdankt die Rosensorte 'Kazanlik' dem komplexen Zusammenspiel von 400 Inhaltsstoffen!

DIE BULGARISCHE ROSENÖLINDUSTRIE

DER NAME »KAZANLIK« geht auf die Stadt Kasanlak am Fuße des Balkangebirges zurück, wo im 16. Jahrhundert die bulgarische Rosenölindustrie begründet wurde. Die Boden- und Klimabedingungen dort erwiesen sich als günstig für den Rosenanbau. Wegen der vielen Rosenplantagen, die zu jener Zeit existierten, erhielt die Region auch den Beinamen »Tal der Rosen«.

Während der Rosensaison (Spätfrühling bis Frühsommer) blühen die ersten einmalblühenden Rosensorten wie 'Kazanlik' einige Wochen lang üppig. Zwar mag die Vorstellung, den ganzen Tag Rosen zu pflücken, reizvoll erscheinen, die Rosenernte ist jedoch eine mühevolle Arbeit. Damit das daraus hergestellte Rosenöl später von bester Qualität ist, kommt es vor allem auf den richtigen Zeitpunkt an: Geerntet wird vor Sonnenaufgang, bevor der Gehalt an natürlichen Ölen deutlich abnimmt. Die Blüten werden in die Destillerie gebracht, wo sofort mit ihrer Verarbeitung begonnen wird. Heutzutage werden die frischen Blüten einer Wasserdampfdestillation ausgesetzt, bei der sich die Rosenöle im Dampf lösen. Der Dampf mit dem Öl kondensiert und läuft über ein Rohr in einen Auffangbehälter. Darin lassen sich Rosenöl und Wasser aufgrund ihrer unterschiedlichen Dichte leicht voneinander trennen.

Heute nimmt die Bulgarian Rose Distillery für sich in Anspruch, dass ihre Rosenöl- und Rosenwasserprodukte zu den besten der Welt gehören. Lassen Sie uns aber kurz noch einen Blick auf die früheren Destillationsverfahren sowie einige wichtige Kombinationen chemischer Substanzen werfen.

DIE CHEMIE DES ROSENDUFTS

Bulgarisches Rosenöl verdankt seinen »echten Rosengeruch« zu einem Gutteil dem darin enthaltenen β-Damascenon, einer chemischen Verbindung, die zu den Rosen-Ketonen gehört und selbst in geringen Konzentrationen nachweisbar ist. (Interessanterweise ist (E)-β-Damascenon – wie die Wissenschaftler Luigi Poisson und Peter Schieberle herausgefunden haben – auch die wichtigste Geruchskomponente von Kentucky-Bourbon.) Untersuchungen zu Damaszener-Rosen zufolge setzt sich bulgarisches Rosenöl aus über 275 Inhaltsstoffen zusammen. Der Löwenanteil entfällt mit 38 Prozent auf Citronellol, das aber nur 4,3 Prozent der gesamten Geruchseinheiten liefert. Bei einem viel kleineren Anteil von 0,14 Prozent beträgt der Anteil an Geruchseinheiten bei β-Damascenon hingegen satte 70 Prozent! Somit ist es für einen »maßgeblichen Teil des Geruchsbeitrags« verantwortlich. Die Entdeckung der Rosen-Ketone ließ vollkommen neue Parfümkreationen entstehen wie z. B. den Duft »Poison« von Christian Dior (1985), bei dem α- und β-Damascon sowie β-Damascenon in recht hohen Mengen vorkommen.

RECHTS Um die bestmögliche Qualität zu erhalten, beginnt die Rosenernte in Bulgarien sehr früh am Morgen, bevor sich der Duft verflüchtigt.

FRÜHE VERFAHREN DER PARFÜMHERSTELLUNG

Schon der griechische Universalgelehrte Aristoteles berichtete über einen Duftherstellungsprozess, bei dem Blumen in Ölen mazeriert (»eingeweicht«) wurden, um Parfüm herzustellen. Dank solcher Schriften konnte sich die Kunst der Rosenölgewinnung weiter verbreiten. Wasser oder Dampf kamen damals noch nicht zum Einsatz; derartige Verfahren wurden erst später entwickelt.

Die Menschen der Antike waren jedoch keineswegs die ersten, die Parfümöle herstellten: Schon im 13. Jahrhundert v. Chr. florierte in Pylos die Herstellung von mit Rosen oder Salbei bedufteten Ölen (siehe S. 54). Auch andere Kulturen jener Zeit liebten duftende Salben und Öle, allen voran die Perser. So lernte z. B. Alexander der Große die Wohltaten dieser Dufterzeugnisse kennen,

RECHTS Frauen bei der Herstellung von Rosenwasser aus Blütenblättern, Abbildung aus einem mittelalterlichen Gesundheitskompendium mit dem Titel *Tacuinum sanitatis*.

nachdem er die persische Armee unter Dareios III. 331 v. Chr. in der Schlacht von Gaugamela besiegt hatte. Der griechische Historiker und Schriftsteller Plutarch (um 46–119 n. Chr.) berichtet, dass Alexander nach der Schlacht das verlassene Zelt des persischen Königs aufsuchte, um sich »im Bad des Dareios von den Mühen des Krieges zu reinigen«.

Als er hier die Badegefäße, die Wasserkrüge, die Pfannen und die Salbendosen sah, die alle kunstvoll aus Gold gearbeitet waren, und die wohlriechenden Düfte roch, mit denen der ganze Ort herrlich [mit Rosenduft] parfümiert war, und von dort in einen Pavillon von großer Größe und Höhe schritt, wo die Liegen und Tische und alles, was zur Unterhaltung vorbereitet worden war, in aller Pracht erstrahlten, wandte er sich an die Umstehenden und sagte: »Das ist wahrhaft königlich!«

PLUTARCH: *Parallelbiografien bedeutender Griechen und Römer*, nach Dryden und Clough (2005)

Wie der griechische Philosoph Theophrast beschrieb, übernahmen die Griechen rasch die persische Vorliebe für wohlriechende Düfte. In griechischen Duftölen diente meist ägyptisches oder syrisches Olivenöl als Basis. Zur Herstellung von Rosenöl verwendete man jedoch Sesamöl, das den Duft besser konservierte. Rosenparfüms wurden damals hergestellt, indem man Blütenblätter mit Palmarosagras, Aspalathus, Kalmus und Salz mazerierte.

Aspalathus ist eine dornige Pflanze aus dem Mittelmeerraum, ähnlich Ginster. In seiner *Naturalis Historia* beschrieb Plinius der Ältere die Pflanze als kleinen Strauch mit rosenähnlichen Blüten, dessen Wurzeln ihres süßen Geruchs wegen für Parfüm verwendet wurden. Zur Herstellung stellte Theophrast fest:

Das Einlegen gepresster Blütenblätter in Öl ist eine Besonderheit des Rosenparfüms und mit viel Abfall verbunden: Man benötigt 87 Kilogramm Salz für 30 Liter Parfüm.

THEOPHRASTUS: *Naturgeschichte der Gewächse*

Weiter schrieb Plinius der Ältere, dass Rosenparfüm als einer der ersten Düfte mit Schminkwurz rot gefärbt wurde. Das auch als Färber-Alkanna bekannte Raublattgewächs war zu dieser Zeit eine beliebte Quelle für roten Farbstoff.

Die Parfümherstellung bei den Römern

In seiner *Naturalis Historia* gab Plinius der Ältere den gesamten Wissensstand seiner Zeit zur Herstellung von Parfüm und anderen Dufterzeugnissen wieder. Sein Werk verdeutlicht zudem die Begeisterung der Römer für Öle, Salben und Rosenduft. Wie Plinius erläuterte, stellten die Römer ihre Salben aus Ölen und duftenden Substanzen her. Um sie ansprechend zu färben, verwendeten sie neben Schminkwurz auch Zinnober, ein Mineral, das eine gelblich-rote Farbe erzeugt.

Darstellungen in Pompej

Einige Belege für das römische Parfümherstellungsverfahren liefern Wandmalereien im »Haus der Vettier« in Pompeji. Die Vettier, eine wohlhabende Kaufmannsfamilie, zogen in ihrem Garten Rosen, aus denen sie Girlanden und Parfüms herstellten. Mit der Ausschmückung ihres Hauses präsentierten sie sich als erfolgreiche Geschäftsleute. Ein besonderes Wandgemälde des Hauses ist der Herstellung und dem Verkauf von Parfüm gewidmet: Amoretten arbeiten

RECHTS Der Parfümherstellung ist ein ganzes Fresko im »Haus der Vettier« in Pompeji gewidmet. Auf der linken Seite ist eine weibliche Figur dargestellt, die die Düfte testet.

an einer Presse, eine Psyche-Figur rührt eine Flüssigkeit in einem großen Gefäß um und andere Amoretten mischen in einem weiteren Behälter verschiedene Zutaten. Das Bild veranschaulicht den Prozess der Parfümherstellung.

Die Meinung einiger Kunstexperten, die die Szene als Herstellung von Arzneimitteln oder Wein deuten, wird durch weitere Figuren widerlegt. So ist daneben ein Amor zu sehen, der Flaschen und Flakons für eine Kundin öffnet, die sich als Liebesgöttin Venus identifizieren lässt. Diese weibliche Figur auf der linken Seite des Freskos hält ihr Handgelenk an die Nase, um einen Duft zu testen. Weitere Szenen wiederum zeigen Amoretten und Psychen, die Blumen pflücken und Girlanden herstellen.

Ähnliche Motive – nämlich die Herstellung und der Verkauf von Duftstoffen – fanden sich auch auf Fresken im »Haus der Calpurnier« (ebenfalls Pompeji) . Leider blieben diese jedoch nicht erhalten. Die entsprechenden Geschäfte waren klein und bisweilen in die Fronten der Häuser wohlhabender Bürger integriert. Weitere Verkaufsstellen befanden sich im *Macellum*, einer Markthalle mit temporären Ständen und Buden. Die Wertschätzung der Römer für die wohlriechenden Düfte zeigt sich in einer Aussage des Schriftstellers Plinius: »Parfüms gehörten zu den elegantesten

und ehrsamsten Freuden des Lebens.« Weitere bedeutende Zentren der Parfümherstellung jener Zeit waren Plinius zufolge das ägyptische Alexandria und Kampanien.

Parfüms in der römischen, christlichen, arabischen und persischen Welt

Sowohl in Capua, der wichtigsten Stadt der Region Kampanien, als auch in Pompeji wurde kommerziell Parfüm hergestellt. Beredte Zeugen hierfür sind archäologische Funde wie Flakons, Flaschen und Keile von Ölpressen. Laut schriftlichen Aufzeichnungen dieser Zeit war die Parfümherstellung nach der Herstellung von Wolle der zweitwichtigste Wirtschaftszweig Pompejis. Allerdings war sie auch sehr kostspielig und Luxuswaren wie Rosenparfüms und -salben konnten sich meist nur die Wohlhabenden leisten. Die weniger Betuchten verwendeten Parfüms, deren Duftstoffe aus heimischen Blüten (einschließlich Rosen) extrahiert wurden. Zwar stand Plinius den wohlriechenden Düften grundsätzlich nicht ablehnend gegenüber, allerdings kritisierte er Frauen, die Parfüms auflegten, um Aufmerksamkeit zu erregen, wobei er die Dufterzeugnisse als »die überflüssigste aller Formen von Luxus« beschrieb (Larry Shiner: *Art Scents*).

Ähnlich wie die Lustgärten nach dem Fall Roms verfielen, mangelt es für die Folgezeit auch an Belegen für die Verwendung von Parfüms. Da man insbesondere Rosen mit heidnischen Kulten in Verbindung brachte, standen die frühen Christen Düften eher ablehnend gegenüber. Nachdem sich die Rose allmählich zu einem Symbol der Muttergottes entwickelt hatte (siehe Kapitel 5), fanden auch Rosenparfüms ihren Weg in christliche Rituale.

In der arabischen Welt entwickelte sich die Herstellung von Parfüms weiter – vor allem von Rosenparfüms. Vorreiter ist hier Arabien, die Heimat des Propheten Mohammed. So findet sich im Werk des persischen Arztes, Philosophen und Alchemisten ar-Rāzī (latinisiert: Rhazes) ein Hinweis auf einen *Al-anbiq* genannten Apparat zur Herstellung von Rosenwasser. Die technischen Mittel der Destillation wurden zu einer wahren Kunst weiterentwickelt.

Auch wenn der Gebrauch von Duftölen meist im Zusammenhang mit dem großen Arzt und Universalgelehrten des 11. Jahrhunderts, Ibn Sīnā (Avicenna, siehe S. 157) genannt wird, war Persien schon zu dieser Zeit als »Land der Rosen« berühmt. Mindestens ab dem 9. Jahrhunderts n. Chr. wurde hier Parfüm hergestellt und die ausgedehnten Rosenfelder von Schiraz waren ein Zentrum der Herstellung von Rosenwasser.

Die Rosenwasserherstellung in der persischen Provinz Faristan war so bedeutend, dass ihr bereits 810 n. Chr. jährliche Lieferungen von 30 000 Flaschen Rosenwasser an die Schatzkammer des Kalifen al-Ma'mūn in Bagdad auferlegt wurden (siehe S. 40). Von dort wurde das Rosenwasser nach China, Indien, Ägypten und Nordafrika verschickt. Noch in der 1680er-Jahren schrieb der deutsche Reisende und Arzt Engelbert Kaempfer anlässlich einer Reise nach Schiraz (siehe Kasten unten):

Rosen und Rosenwasser erwähnte auch der berühmte arabische Kosmograf und religiöse Führer al-Dimashqi (um 1256–1327), der eine anschauliche Beschreibung des Umlands von Damaskus lieferte. Dabei erwähnte er auch ein Dorf, das als al-Munazzah oder »das Unvergleichliche« bekannt war …

So wie Persien Rosen in größerer Menge und mit feinerem Duft hervorbringt als alle übrigen Länder der Welt, so übertreffen wiederum die Rosen dieses besonderen Bezirks nahe Schiraz in ihrer Überfülle und ihrem Duft diejenigen aller anderen persischen Orte.

Zitiert nach John Charles Sawer: *Rhodologia* (1894)

[…] wegen der gesunden Luft, des reinen Wassers, der herrlichen Pavillons, der köstlichen Früchte, der vielen Blumen und Rosen sowie der Herstellung von Rosenwasser. Die Rückstände des Letzteren werden wie Kehricht auf die Straßen, Wege und Gassen dieses Ortes geworfen. So ist der Duft unvergleichlich und feiner als Moschus, bis die Rosen verblüht sind.

Zitiert nach Robert J. Forbes: *A Short History of the Art of Distillation* (1970)

BEGEISTERUNG FÜR ROSENÖL UND PARFÜM

HEUTE IST ROSENÖL, wie Rosenwasser, in den meisten Fällen das Ergebnis einer Destillation: Nach dem Auffangen des Rosenwassers bleibt eine ölige Schicht zurück, aus der in einem weiteren Destillationsprozess Rosenöl (*Attar*) hergestellt wird. Das Verfahren zur Trennung des Öls vom Rosenwasser entwickelte der italienische Gelehrte Geronimo Rossi aus Ravenna (um 1539). Ab den 1580er-Jahren erschien destilliertes Rosenöl bereits in den Preislisten deutscher Apotheker.

Auch wenn Rosenöl schon in früheren Zeiten bekannt war, rankt sich um seine Entdeckung eine besondere Legende. So soll das Öl 1612 zufällig bei einem Hochzeitsempfang der Prinzessin Nur Jahan für ihren Gatten, den Mogulherrscher Jahangir, entdeckt worden sein: Die Prinzessin füllte einen ganzen Kanal mit Rosenwasser. Als das Paar am duftenden Wasser spazieren ging, bemerkte es einen öligen Schaum auf der Oberfläche. Als das Öl abgeschöpft war, erkannte man darin den erlesensten Duftstoff des Orients. Es hieß (siehe Kasten rechts):

Wird nur ein Tropfen auf der Handfläche verrieben, parfümiert er einen ganzen Raum, der daraufhin zarter duftet, als wenn sich viele Rosenknospen auf einmal geöffnet hätten. Er muntert auf und erfrischt die Seele.

JENNIFER POTTER: *The Rose* (2010)

OBEN Die Darstellung zeigt Prinzessin Nur Jahan und ihren Ehemann, den Mogulherrscher Jahangir, die zartrosafarbene Rosen in Händen halten. Dem Herrscherpaar ist der Legende nach die Entdeckung des Rosenöls zu verdanken.

Der Handelsverbindung über Konstantinopel, als Brücke zwischen Orient und Okzident, ist der Aufschwung, den das italienische Parfümgewerbe im 16. und 17. Jahrhundert erlebte, zu verdanken. Von Italien aus verbreiteten sich die neuen raffinierten Parfüms (und die Kunst ihrer Herstellung) in ganz Europa. Am Hof der englischen Königin Elisabeth I. weckte der Earl of Oxford, Edward de Vere (1550–1604), ein breiteres Interesse für Duftwasser und Parfüm. In vielen Haushalten wurden mit Rosenwasser und ähnlichen Düften Kleidung parfümiert und Körpergerüche überdeckt. Auf die im Europa des 16. Jahrhunderts gebräuchliche Methode, mit Parfüm von unangenehmen Gerüchen abzulenken, wies auch die Gartenhistorikerin Jennifer Potter in einer 2013 erschienenen Publikation hin, die sich dem Einfluss bestimmter Blumen auf Kultur und Gesellschaft im Lauf der Jahrhunderte widmete. Darin erwähnt sie die Empfehlung eines französischen Autors, der 1572 in einem Ratgeber schrieb: »Gegen den ziegenartigen Gestank der Achselhöhlen ist es nützlich, die Haut fest mit einer zerdrückten Mischung aus Rosen einzureiben.«

Französisches Parfüm

Im 18. Jahrhundert löste Frankreich Italien in seiner Vorreiterrolle bei der Parfümherstellung ab, denn in den 1750er-Jahren waren Parfüms in Frankreich der letzte Schrei. Die zuvor vorwiegend moschusartigen Düfte wichen zunehmend süßen Blumendüften. Am beliebtesten war Rosenwasser, gefolgt von Veilchen-, Thymian-, Lavendel- und Rosmarindüften. Die Rosenliebe der Franzosen in dieser Zeit zeigt der französische Künstler François Boucher in seinem »Bildnis der Madame de Pompadour«, das die Mätresse König Ludwigs XV. umgeben von Rosen darstellt. Das Gemälde veranschaulicht den Rokoko-Stil der Zeit und zeigt die Adelige mit Rosen (möglicherweise Zentifolien) auf ihrem Kleid.

Rosen und die aus ihnen gewonnenen Düfte dominierten das Jahrhundert, in dem auch Kaiserin Joséphine ihren Rosengarten von Schloss Malmaison anlegte. In Bezug auf Rosen war Joséphine sehr einflussreich in ihrer Zeit. Sie soll Jennifer Potter zufolge Moschusdüfte gegenüber floralen Düften bevorzugt haben: »Noch 60 Jahre nach ihrem Tod duftete ihr Boudoir in Malmaison unverkennbar nach Moschus.« Nach Joséphines Tod kamen blumige Düfte (einschließlich Rosendüfte) wieder in Mode.

RECHTS In seiner vor Rosen nur so überquellenden Komposition verdeutlicht François Bouchers Gemälde »Madame de Pompadour« (1756) den berühmten Stil der königlichen Mätresse. Die beiden Rosen am Boden symbolisieren den König und die Adlige als Paar.

PFLANZEN IN DER KUNST

DIE ANTIKE HATTE GROSSEN EINFLUSS auf die Kunst und Kultur späterer Jahrhunderte. So inspirierten Damaszener-Rosen und duftende Rosenarten wie Zentifolien die Künstler des Barockzeitalters zu meisterlichen Stillleben. Verglichen mit religiösen Werken und Historiengemälden, galten Stillleben allerdings zunächst als niedrigere Kunstform. Niederländer wurden darin führend, und Antwerpen war das Zentrum dieser Kunstgattung, in der monumentale Blumenbilder entstanden.

Herausragende Künstler dieses Genres waren Pierre-Joseph Redouté (siehe Kapitel 8) mit seinem Talent, Rosen und andere Blumen detailgetreu abzubilden, und Rachel Ruysch (1664–1750), die wunderbar lebendige Werke schuf. Ihr Vater war Botaniker, und anfangs malte sie die Blumen und Insekten aus seiner Sammlung. Im Alter von 15 Jahren wurde sie von einem Blumenmaler ausgebildet und erlangte später mit ihren Blumenbildern internationale Bekanntheit. Neben ihrer langen, erfolgreichen künstlerischen Karriere zog sie zehn Kinder mit ihrem Mann, dem Amsterdamer Porträtmaler Juriaen Pool (1666–1745) auf. Ihr »Blumenstillleben mit einem Strauß aus Rosen, Ringelblumen, Rittersporn, einer Hummel und anderen Insekten« (1695) zeigt eindrucksvoll lebensechte Blumen und Insekten.

Ruyschs Blumengemälde erreichten ein solch hohes Niveau, dass sie selbst im »Goldenen Zeitalter« der niederländischen Kunst unerreicht blieben. 60 Jahre malte sie Blumensträuße mit einer cha-

»Rosen, Winden, Mohn und andere Blumen in einer Urne« (1688) von Rachel Ruysch

1. Insekten

2. schalenförmige Blüte

3. Rosendornen

rakteristischen Asymmetrie, eines ihrer Markenzeichen. Ihre Arrangements bestachen durch eine besondere dreidimensionale Perspektive, die die Blumen noch realistischer wirken ließ.

In dem Gemälde »Rosen, Winden, Mohn und andere Blumen in einer Urne« (1688) gibt Rachel Ruysch die Blumen mit nahezu fotografischer Genauigkeit wieder. Auf einer der abgebildeten weißen Rosen haben sich einige Insekten niedergelassen, als seien sie auf der Suche nach Pollen vom Duft der Rose angelockt worden (1). Die rosafarbene Rosenblüte über einer Mariendistel wiederum lässt die schalenförmigen Blütenblätter der Zentifolien gut erkennen (2). Darüber hinaus stehen die zarten Rosenblüten in Kontrast zu den scharfgezackten Blatträndern der direkt darunter befindlichen Mariendistel. Das Gemälde wirkt durch seine feinen Details so lebendig, dass man meint, die Dornen an den Rosenstielen berühren zu können (3) und der Duft der Rosen scheint einem geradezu aus dem Gemälde entgegenzuwehen.

»Großer Blumenstrauß in einem Holzgefäß« (1603), ein großes Vanitas-Gemälde von Jan Brueghel. Die Zusammenstellung von Blumen, die nie zur selben Zeit blühen würden, erinnert den Betrachter an seine Sterblichkeit – und daran, die Blüten der Gegenwart zu genießen.

Blumen-Brueghel

Jan Brueghel der Ältere (1568-1625), auch »Blumen-Brueghel« genannt, zählte zu den Künstlern, die sich besonders dem Genre Blumenstillleben widmeten. In seinen botanisch genauen Gemälden setzte er Tulpen, Schwertlilien und Rosen ein, um den Gebinden Ruhe zu verleihen. Brueghel gehörte zudem zu den ersten Malern des Barock, die Zentifolien abbildeten. Im Auftrag des italienischen Kardinals Federico Borromeo (1564–1631) schuf er auch Motive mit Blumengirlanden wie die »Madonna im Blumenkranz« (1621, mit P. P. Rubens), welches die Jungfrau Maria von einem Kranz aus Rosen und Blüten umgeben darstellt.

Kaum ein anderes Kunstwerk zeigt mehr Blüten als Brueghels »Großer Blumenstrauß in einem Holzgefäß« (1603). Wer die lebensecht dargestellten Lilien, Tulpen, Schachbrettblumen, Narzissen, Schneeglöckchen, Nelken, Kornblumen, Pfingstrosen, Anemonen und Rosen betrachtet, mag sich fragen, ob sie wohl alle zur selben Zeit blühten. Doch Brueghel vereint in seiner ungewöhnlichen Komposition Blumen aller Jahreszeiten, die nie zur selben Zeit in einem Garten blühen würden. Ein solches Konzept, das Reales, Ideales und Symbolisches vereint und den Betrachter an seine eigene Vergänglichkeit erinnert, ist als *Vanitas*-Malerei oder *Memento mori* (Sterblichkeitsmahnung) bekannt.

Die moralisierenden *Vanitas*-Stillleben niederländischer Barockkünstler waren beeinflusst vom Wohlstand ihrer Zeit und sollten dem Betrachter die Vergänglichkeit allen Reichtums vor Augen führen. Oft weisen in den Gemälden Totenköpfe auf den Tod hin, Sanduhren auf das Verstreichen der Zeit und welke Blüten auf die Endlichkeit. Während die *Vanitas*-Szenen für die Vergänglichkeit des Lebens standen, beweist die dargestellte Blütenfülle die Fähigkeit der Kunst, die Zeit einzufrieren und uns Blumen zu schenken, die die Gegenwart mit Lebensfreude erfüllen und auf das ewige Leben verweisen.

GRÜNDE, ROSEN ZU PFLANZEN

Wie wichtig es ist, duftende Rosen anzupflanzen, verdeutlichen diese Zitate von zwei meiner Gartenhelden – und ich kann ihnen nur zustimmen:

Rosenduft hat die geradezu magische Fähigkeit, zu beruhigen und zugleich die Laune zu heben.

Michael Marriott (2015)

Ich bin der Meinung, dass wir durch ihren Duft dem Geheimnis der Rosen näherkommen und verstehen, warum diese Blumen eine stärkere Wirkung auf unsere Vorstellungskraft ausüben als alle anderen.

Jennifer Potter: *The Rose* (2010)

Wir können uns beschweren, weil Rosensträucher Dornen haben, oder uns freuen, weil Dornenzweige Rosenblüten tragen.

Alphonse Karr (1856)

Teerose 'Hyménée'

8

DIE ROSE IN DER ROMANTIK

(1790–1850)

Die Romantik stellte das Gefühl und das Individuum in den Mittelpunkt und idealisierte zugleich die Vergangenheit und die natürliche Welt. In der Romantik hatte die Rose eine komplexe Symbolik: Sie verkörperte die Schönheit, die zugleich auch Kummer brachte, weil sie den Samen ihrer Vergänglichkeit und des Verfalls in sich trug. Daher stand sie für Extreme der Gefühlswelt: Liebe und Leid, Freude und Trauer, Leben und Tod. In der Botanik hingegen sorgten in dieser Zeit Import und Kreuzung chinesischer mit europäischen Rosen für einen Durchbruch, denn sie brachten Rosen mit mehreren Blühphasen in einer Saison hervor.

ROSEN AUS CHINA

Während der Zeit der Romantik herrschte eine allgemeine Begeisterung für dekorative Kunst und Waren aus dem Fernen Osten wie etwa Tee, Porzellan, Seide und Teppiche. So wurden ab 1790 auch China-Rosen (*Rosa chinensis*) importiert.

Bevor die China-Rose im Westen ihren Siegeszug antrat, hielten sich die hiesigen Gärtner hauptsächlich an die europäischen »Alten Rosen«, die aus den mittelalterlichen Zier- und Heilpflanzengärten bekannt waren: *Gallica*-, Damaszener-, *Alba*- und Provence-Rosen sowie Zentifolien. Diese blühten herrlich, jedoch – je nach Temperatur und Region – nur für eine kurze Zeit im Frühsommer. Die Rose wurde daher zum Sinnbild der vergänglichen Schönheit. Ausnahmen waren die Moschus-Rose (*Rosa moschata*), die je nach vorherrschendem Klima vom späten Frühjahr bis in den Herbst blüht, sowie die Sorte 'Autumn Damask' mit ihrer zweiten Blüte im Herbst. Im Großen und Ganzen waren die in Europa bekannten Rosen jedoch auf die Sommerblüte beschränkt. China-Rosen hingegen haben meist duftärmere, kleinere Blüten, blühen jedoch wiederholt den ganzen Sommer und bis in den Spätherbst hinein. Zudem verändern sie nach dem ersten Aufblühen die Farbe. So verändert etwa die China-Rose 'Mutabilis' ihre Farbe von Pfirsichtönen zu dunklem Rosa (im Gegensatz zu einigen europäischen Sorten, die – unter anderem abhängig von den klimatischen Bedingungen – nach dem Erblühen eine blassere Farbe annehmen).

Diese Eigenschaften der China-Rosen waren somit für hiesige Gärtner höchst attraktiv und erregten in Europa und Nordamerika entsprechendes Aufsehen. Mehrere prominente Persönlichkeiten dieser Zeit waren ausgesprochene

Rosenliebhaber und sammelten und kultivierten Sorten, die den Grundstein für die Entwicklung der modernen Rosen legten. Zu ihnen zählte auch der US-amerikanische Präsident Thomas Jefferson (1743–1826; Präsident 1801–1809), der auf seinem Anwesen in Monticello (Virginia) Rosen züchtete.

In Frankreich erwarb Kaiserin Joséphine (1763–1814), Gemahlin Napoleon Bonapartes (reg. als Kaiser Napoleon I. 1804–1814, 1815), das Château de Malmaison. Das seinerzeit heruntergekommene Anwesen von 60 Hektar Fläche lag 15 Kilometer westlich des Pariser Zentrums. Joséphine investierte eine beträchtliche Summe, um das Anwesen zu sanieren. Sie ließ eine Orangerie und ein riesiges, von zwölf Kohleöfen beheiztes Gewächshaus errichten und einen berühmten Rosengarten anlegen. Dort kultivierte sie 250 Sorten. Außerdem lud sie den berühmten belgischen Botaniker und Künstler Pierre-Joseph Redouté (1759–1840) ein, ihre Rosen zu malen. Es entstanden bemerkenswert detailgetreue Aquarelle von Rosen und anderen Blumen, die vielfach als Stiche veröffentlicht wurden. Redouté wurde als »Raffael der Blumen« gefeiert (in Anspielung auf den italienischen Renaissancemaler Raffael). Auch heute noch gilt er als überragender botanischer Künstler und würdiger Nachfolger der großen flämischen und holländischen Blumenmaler des 17. Jahrhunderts wie Jan Brueghel der Ältere und Rachel Ruysch.

RECHTS *Rosa lutea* 'Sulphurea' und *Rosa* 'Hume's Blush Tea-Scented China' aus der Aquarellsammlung »Die schönsten Blumen und Früchte« (1827) von Pierre-Joseph Redouté. Joséphine, die französische Kaiserin, hatte den Künstler beauftragt, die 250 Rosensorten des Château de Malmaison zu malen.

Vier neue Elternsorten aus China

Die erste China-Rose in Europa war vermutlich die rosafarbene 'Old Blush'. In China hieß sie *Yue Yue Fen* (»immer wieder rosa«) und in Europa 'Old Blush China', 'Old China Monthly' oder 'Parsons' Pink China', benannt nach ihrem Entdecker John Parsons, der sie 1793 in England einführte. Praktisch zur selben Zeit tauchten zwei rote China-Rosen in Europa auf: die Sorten *Yue Yue Hong* (»immer wieder rot«) und *Chi Long Han Zhu* (»Weiße Perle im Maul des roten Drachen«), die später die Namen 'Sanguinea' bzw. 'Miss Willmott's Crimson China' erhielten.

Die rosa blühenden Sorten 'Old Blush' und 'Crimson China' zählt man allgemein zu den vier chinesischen Elternsorten, die damals eingeführt wurden. Die anderen beiden sind 'Hume's Blush Tea-Scented China' (1809) und 'Parks' Yellow Tea-Scented China' (1824). Ihren Namen verdankten sie ihrem Duft, der an chinesischen Tee erinnerte, an dem sich die englische Oberschicht zu jener Zeit erfreute. Der Tee-Inspektor John Reeves (1774–1856) schickte die Sorte 'Hume's Blush Tea-Scented China' aus China nach England zu Lady Amelia Hume (1751–1809), die auf ihrem Anwesen in Wormleybury (Hertfordshire) Pflanzen sammelte und züchtete. Lady Hume wie auch ihr Gatte Sir Abraham Hume (1749–1838) waren begeisterte Gärtner, die regelmäßig exotische Pflanzen importierten. Bei einer Ausstellung im Londoner Stadtteil Chelsea erregte die Rose großes Aufsehen. Selbst Kaiser Napoleon I. ordnete im Krieg mit Großbritannien einen kurzzeitigen Waffenstillstand an, damit Kaiserin Joséphine gefahrlos Exemplare für ihre Sammlung auf Château de Malmaison bestellen und erhalten konnte.

Die Rose 'Parks' Yellow Tea-Scented China' wurde vom Gärtner John Damper Parks (um 1791–1866) im Auftrag der Royal Horticultural Society importiert, die ihn eigens zu diesem Zweck nach China geschickt hatte. In China hieß die Rose, die ihre Farbe nach dem Erblühen von Blassgelb in Elfenbeinweiß wechselte, *Danhuang Xianshui* (»Blassgelbes Süßwasser«). Parks kehrte mit einer bemerkenswerten Pflanzensammlung aus China zurück. Neben der besagten Rose befanden sich darunter auch die erste Schusterpalme, die nach Europa gelangte, sowie 16 Chrysanthemenarten.

RECHTS Ein chinesisches Aquarell der rosafarbenen Rose 'Parsons' Pink China', die aus China nach Europa gelangte. Sie wurde 1752 in Schweden eingeführt, bevor John Parsons sie nach England brachte.

Eine 'Blush-Noisette'-Rose, dargestellt von Pierre-Joseph Redouté. Die hellrosafarbene Rose, die auch als 'Noisette Carnée' (fleischfarbene Noisette) bekannt ist, entstand um 1815 aus einer Kreuzung der Sorte 'Champneys' Pink Cluster' und einem unbekannten Sämling.

Erfolge in der Rosenzucht

Der Kaufmann und Botaniker John Champneys (1743–1820) aus Charleston im US-Bundesstaat South Carolina führte 1811 mit der Sorte *Rosa moschata* 'Parsons' Pink China' die erste Rosen-Hybride nach Nordamerika ein. Aus dieser ging die Sorte 'Champneys' Pink Cluster' hervor. Diese Rose gab er an den Züchter Philippe Noisette weiter, der wiederum Sämlinge und Samen an seinen Bruder Louis (1772–1849) nach Frankreich schickte. Dort kreuzte man die 'Pink Cluster' mit der Sorte 'Parks' Yellow Tea-Scented China', wodurch die neue Klasse der *Noisette*-Rosen entstand.

Mitte des 19. Jahrhunderts war die Rosenzucht bereits weitverbreitet. So umfasste z. B. das Rosarium, das im Londoner Abney Park Cemetery angelegt wurde, mehr als 1000 Rosenarten und -sorten!

Zu etwa derselben Zeit gründete der in Schottland geborene Botaniker Robert Buist (1805–1880) in Philadelphia eine der ersten US-amerikanischen Rosengärtnereien. Nach seiner Ausbildung im Botanischen Garten von Edinburgh wanderte Buist 1828 in die USA aus und arbeitete zunächst in Lemon Hill, einem Herrenhaus im heutigen Fairmount Park in Philadelphia. Dessen Besitzer, dem Kaufmann Henry C. Pratt, gehörte einer der schönsten Gärten des Landes. 1844 verfasste Buist den ersten Leitfaden für die Zucht von Rosen.

REMONTIERENDE ROSEN

Die Einführung der China-Rose im Westen ermöglichte einen großen züchterischen Durchbruch: Es entstanden die ersten Rosen außerhalb Asiens, die mehr als einmal pro Saison blühten. Nach dem französischen Verb *remonter* (»wieder aufsteigen«) bezeichnete man diese Eigenschaft als »remontierend«. Ihre nur einmal im Jahr blühenden Gegenstücke werden entsprechend als nicht remontierend, einmal- oder sommerblühend bezeichnet.

Die wenigsten Wildrosen remontieren. Zu den Ausnahmen gehören die China-Rose (*Rosa chinensis*) und die Kartoffel-Rose (*Rosa rugosa*). In China und anderen Teilen Asiens wurden remontierende Rosen ab 1000 n. Chr. kultiviert. Ihre Kreuzung mit europäischen Rosen zur Zeit der Romantik bereitete der weltweiten Verbreitung remontierender Zuchtrosen den Weg.

KURIOSE ROSEN

In der Natur gibt es keine blauen Rosen. Selbst die durch Kreuzung gezüchteten »blauen Rosen« sind eigentlich lilafarben. Mittels gentechnischer Veränderung entwickelten das australische Unternehmen Florigene und die japanische Firma Suntory 2004 die blaue Rose 'Applause', indem sie der roten Rose 'Cardinal de Richelieu' das Gen für das blaue Pflanzenpigment Delphinidin eines Stiefmütterchens einpflanzten. Dann unterdrückten sie die Bildung des roten Farbstoffs, um eine blaue Blüte zu erzeugen. Allerdings ließ sich der rote Farbstoff nicht vollständig blockieren. Die Blüte zeigt daher eine Mischfarbe – also kein reines Blau, sondern einen Mauve- oder Lilaton.

Die Legende der blauen Rose

Da sie in der Natur nicht vorkommt, symbolisiert die blaue Rose oft die unmögliche Liebe. Eine Legende hierzu findet sich in China. Dieser zufolge suchte ein Kaiser einen Ehemann für seine ebenso schöne wie kluge Tochter. Da jedoch keiner der Verehrer ihre Gunst fand, kam der Prinzessin eine Idee, um die Pläne ihres Vaters zu vereiteln: Sie erklärte, sie würde nur denjenigen heiraten, der ihr eine blaue Rose bringen könne. Die meisten Anwärter erkannten, dass die Forderung unmöglich zu erfüllen war, und gaben ihr Vorhaben auf. Drei jedoch blieben hartnäckig und hofften, das Unmögliche zu erreichen: ein Krieger, ein Kaufmann und ein Richter.

Der Krieger begab sich in ein fernes Königreich, dessen Herrscher ihm einen wunderschönen blauen Saphir in Form einer Rose gab. Als er zum Kaiserhof zurückkehrte, wies ihn die Prinzessin mit der Bemerkung ab, dies sei – bei aller Schönheit – keine echte Rose. Auch der Kaufmann scheute keine Kosten und bot dem besten Blumenhändler des Landes ein Vermögen für eine blaue Rose. Die Frau des Händlers färbte eine weiße Rose blau, und der Kaufmann brachte sie der Prinzessin. Zwar lobte diese den Einfallsreichtum, lehnte den Kaufmann jedoch ab, da es keine echte blaue Rose war. Der Richter wiederum schenkte der Prinzessin ein kunstvoll gefertigtes Glas, auf dem eine blaue Rose abgebildet war. Aber die Prinzessin lehnte auch diesen letzten Werbungsversuch ab. Schon schien es, die Prinzessin würde unverheiratet bleiben, da kam ein fahrender Sänger zum Palast, der ihr mit süßer Stimme die lieblichsten Lieder darbrachte, die sie je gehört hatte, und die beiden verliebten sich. Der Sänger schenkte der Prinzessin eine zarte weiße Rose, die er im Palastgarten gepflückt hatte, und sie erklärte, genau dies sei die blaue Rose, nach der sie gesucht habe. Ihr Vater, der Kaiser, und das Volk waren erstaunt. Alle mussten jedoch eingestehen, dass die Prinzessin eine blaue Rose verlangt hatte. Und wenn sie nun sagte, dass diese Rose blau sei, blieb ihnen nichts anderes übrig, als ihr die Hochzeit mit dem fahrenden Sänger zu gewähren.

GEFÄRBTE ROSEN

Weiße Rosen über die Wurzeln azurblau zu färben, war schon vor Jahrhunderten üblich. Dieses Vorgehen beschrieb im 12. Jahrhundert der muslimisch-arabische Autor Ibn al-Awwam (gest. 1158) in seinem landwirtschaftlichen Werk *Kitab al-filaha*. Inzwischen sind allerdings nicht alle »blauen« Rosen gefärbt: Ein Beispiel ist die hier abgebildete durch Gentechnik entstandene blau pigmentierte Rose 'Applause'.

Blaue Rose 'Applause'

Schwarze Rosen aus der Türkei

Auch wenn man immer wieder von schwarzen Rosen hört, sind diese in Wirklichkeit tief dunkelrot. So machte die ab 2008 im Internet kursierende Behauptung, schwarze Rosen (auf Türkisch *Kara gül*) wüchsen in Halfeti in der Südosttürkei, die kleine Stadt berühmt. Zwar wirken die Blüten als Knospen schwarz – oder beinahe schwarz. Voll erblüht haben sie jedoch die Farbe tiefroten Weins. Die »schwarze Rose« ist eine lokale Variante der in China heimischen *Rosa odorata*.

Grüne Rosen

Im Gegensatz zu ihren imaginären blauen und schwarzen Verwandten gibt es die »grüne Rose« tatsächlich. Mit dieser bizarr aussehenden Rose ist eine faszinierende Geschichte verbunden: Es handelt sich um einen Sport der Rose 'Old Blush' (*Rosa chinensis viridiflora*). Ihre Blütenblätter sind in Wirklichkeit grüne Kelchblätter, die bei Rosen eigentlich die sich entwickelnde Knospe umhüllen. Normalerweise wachsen bei einer Blüte zuerst die Kelchblätter, dann die Blütenblätter, danach die männlichen Staubgefäße, der weibliche Stempel sowie die Fruchtblätter. Die »grüne Rose« bleibt jedoch im ersten Stadium stehen, sodass der Blütenkopf nichts anderes als eine seltsam anmutende Ansammlung von Kelchblättern ist. Weil keine Staubblätter, Stempel und Fruchtblätter gebildet werden, ist die Rose steril. Sie hat einen nicht sehr starken, pfeffrigen Duft und wird 0,6–1,5 Meter hoch.

Diese Rosen zeigen uns vermutlich, wie Blüten am Anfang ihrer Evolution aussahen, bevor sie farbige Blütenblätter entwickelten. Außerdem besitzen sie womöglich auch eine interessante historische Bedeutung, so Stephen Scanniello, Präsident der Heritage Rose Foundation: Zwischen 1800 und 1850 wurde in den USA die Underground Railroad eingerichtet, ein Netzwerk sicherer Häuser und Routen, das entflohenen afroamerikanischen Sklaven bei der Flucht aus den Südstaaten in den Norden und nach Kanada half. Die Quäker, die die Underground Railroad unterstützten, sollen sichere Häuser markiert haben, indem sie »Grüne Rosen« in den Vorgärten pflanzten. Wenn die Flüchtenden sie sahen, konnten sie sicher sein, dass sie dort gefahrlos Nahrung und Obdach finden konnten.

LINKS Diese »grüne Rose« ist eine Mutante der Sorte 'Old Blush', die den Namen *viridiflora* (»grün blühend«) erhielt. Ihre »Blütenblätter« sind in Wirklichkeit grüne Kelchblätter, die normalerweise die Knospen umschließen.

STILLLEBEN MIT ROSEN

Rosen blieben bis Ende des 19. Jahrhunderts ein beliebtes Motiv von Stillleben. So schuf auch der niederländische Künstler Vincent van Gogh (1853–1890) Stillleben mit Rosen. Hierzu gehörten die Gemälde »Vase mit weißen Rosen«, »Vase mit Rosen« und ein 1890 entstandenes Stillleben, das er nur »Rosen« nannte. All diese Werke malte er, kurz bevor er aus der psychiatrischen Klinik im südfranzösischen Saint-Rémy-de-Provence entlassen wurde, in der er ab Mai 1889 ein Jahr zugebracht hatte.

Nach Meinung einiger Kunsthistoriker drückte sich in van Goghs Blumenbildern der Optimismus aus, den er empfand, als er die Anstalt verließ und nach Auvers-sur-Oise am Rand von Paris zog. Van Gogh selbst hatte in einer früheren Phase seines Lebens seiner Schwester Willemina geschrieben, dass er Blumen gerne ihrer Farben wegen malte (siehe Kasten rechts).

> *Ich habe fast nur Blumen gemalt, um mich an andere Farben als Grau zu gewöhnen: Rosa, sanftes oder leuchtendes Grün, Hellblau, Violett, Gelb, kräftigstes Rot.*
>
> Vincent van Gogh (1889)

Zur selben Zeit entstanden auch die meisterhaften Stillleben des französischen Impressionisten Pierre-Auguste

OBEN Sein Gemälde »Vase mit weißen Rosen« (1890) beschrieb Vincent van Gogh als »Leinwand mit rosafarbenen Rosen in einer grünen Vase vor einem gelb-grünen Hintergrund«: Der rosa Farbton war ursprünglich kräftiger und blich mit der Zeit aus.

Renoir (1841–1919), darunter »Rosen in einer blauen Vase« (um 1890–1900) und »Rosen« (1912). Renoir blieb dem Motiv treu und malte Rosen – vor allem rote Rosen – immer wieder und häufiger als andere Blumen.

Auch der französische Künstler Henri Fantin-Latour (1836–1904), der für seine Porträts berühmter Schriftsteller und Künstler bekannt war, schuf Blumenstillleben, darunter die Gemälde »Rosen« (1894), »Rosen und Lilien« (1888) und »Weiße Rosen« (1875).

Marcel Proust (1871–1922) erwähnte die Blumenbilder von Fantin-Latour in seinem Roman »Auf der Suche nach der verlorenen Zeit« (1913–1927) im dritten Band »Die Welt der Guermantes«.

DIE ROSE IN DER DICHTUNG DER ROMANTIK

In der Romantik war die Rose ein Symbol für Jugend, Frische und Schönheit. Auf diese Bedeutung bezog sich auch der schottische Nationaldichter Robert Burns (1759–1796) in seiner bekannten Version des Volkslieds »Meine Liebe ist wie eine rote, rote Rose« (1794). In Burns' Worten:

Meine Liebe ist wie eine rote Rose,
Die frisch erblüht im Mai.
Meine Liebe wiegt sich zart im Wind
Nach eig'ner Melodei.

Robert Burns: *Meine Liebe ist wie eine rote, rote Rose* (1794)

Burns' Lied basiert auf überlieferten Quellen. Seinen Text veröffentlichte der in Italien geborene Sänger und Komponist Pietro Urbani (1749–1816) um 1792 bis 1794 erstmals in seiner Sammlung schottischer Lieder. Burns sammelte traditionelles schottisches Liedgut und hielt es für die Nachwelt fest. Das Lied »Meine Liebe ist wie eine rote, rote Rose« lernte Burns vermutlich auf seinen Reisen durch das ländliche Schottland kennen. 1794 schrieb Pietro Urbani, der Text stamme von »einem berühmten schottischen Dichter« (also Burns), »der es ein Mädchen vom Land singen hörte und so beeindruckt davon war, dass er es zu Papier brachte«.

Der englische Romantiker William Blake (1757–1827) hingegen beschreibt in seinem Gedicht »Die kranke Rose« eine kränkelnde Rose, deren Herz von einem Wurm zerfressen wird (siehe gegenüberliegende Seite).

Oh Rose, krank du liegst.
Der verborgene Wurm,
Der nächtens fliegt
Im heulenden Sturm

Weiß, wo du ruhst
In purpurner Pracht:
Seine düstere Lust
Nach dem Leben dir tracht'.

Blake veröffentlichte das Gedicht erstmals 1794 in seinem eindrucksvoll illustrierten Werk »Lieder der Unschuld und Erfahrung«. Einigen Interpretationen zufolge beschreibt das Gedicht, wie Erfahrung die Unschuld verdirbt oder wie Hässlichkeit und Böses die Schönheit und Reinheit zerstören. Nach dieser Lesart ist die Rose ein Symbol der Liebe, der jugendlichen Schönheit, Frische und Unschuld. Doch in einer Welt, die niemals perfekt ist, hat selbst das perfekt Erscheinende versteckte Fehler (den »verborgenen Wurm«). In dem Bild schwingt auch die christliche Idee eines verlorenen Paradieses mit. Der Wurm wäre demnach eine Anspielung auf die biblische Schlange (den Teufel), die im Buch Genesis Eva im Garten Eden verführte und damit die Menschen in eine gefallene Welt verbannte, in der es keine Vollkommenheit gibt. Einer anderen Interpretation nach symbolisiert der Wurm, der sich vom Fleisch verwesender Körper ernährt, den Tod, während die Rose das Leben symbolisiert. Trotz ihrer Schönheit und Jugend ist sie, wie alles Lebende, sterblich.

Lieblich ist die Rose

In seinem Gedicht »Ode: Andeutungen der Unsterblichkeit aus Erinnerungen an die frühe Kindheit« (um 1804) schreibt der Dichter William Wordsworth (1770–1850) »lieblich ist die Rose« – und auch hier ist sie ein Sinnbild reinster Schönheit der Natur: Mit den Augen des Kindes betrachtet, ist die natürliche Welt von göttlicher Pracht erfüllt. Zwar bleibt diese Schönheit erhalten, das Gefühl des Staunens geht dem Erwachsenen jedoch verloren. Vielleicht, weil sich das Kind unsterblich wähnt, der Erwachsene hingegen um seine Endlichkeit weiß. Am Ende gewinnt der Dichter jedoch die Einsicht, dass im Wissen um den Tod die Schönheit der natürlichen Welt umso mehr zu Herzen geht. Selbst eine einfache Blüte im Wind gibt Anlass zu »Gedanken, die oft zu tief für Tränen liegen«. Die Rose und andere anmutige Blumen stehen für Freude und Schönheit, gemahnen gleichzeitig aber auch – wie in Blakes Gedicht – an den Tod.

So ersann z. B. Percy Bysshe Shelley (1792–1822), ein weiterer englischer Romantiker, im Trauergedicht »Musik, wenn leise Stimmen sterben« von 1821 das Bild eines toten Freundes, der auf Rosenblütenblättern gebettet ist: »Blüten nach der Rose Sterben / zu des Geliebten Bett sie werden.« Wie bei Blake und Wordsworth gemahnt die anmutig blühende Rose daran, dass auch sie vergeht und Schönheit nicht von Dauer sein kann. In Shelleys Gedicht sind die Blätter der Rosenblüten ein bleibendes Mahnmal der vergangenen Schönheit, die der Dichter mit den Erinnerungen an den Verstorbenen vergleicht: So wie die Blütenblätter den Tod der Blume überdauern, besteht auch die einst vom Verstorbenen ausgehende Liebe fort.

DES GARTENS STOLZ

Ein enger Freund und Dichterkollege Wordsworths war Samuel Taylor Coleridge (1772–1834). In seinem Gedicht »Die Rose« (oder »Des Gartens Stolz«) ist die Rose die Heimstatt des Gottes Amor, der die Liebe personifiziert:

In ihren Blütenblättern ich
Schlummernd die Liebe erblickt'.

Der Dichter pflückt die Rose und legt sie auf die Brust der Geliebten, einer jungen Frau namens Sara:

Und legte sie inniglich dargebracht
Auf Saras zarte Brust.

Die Intention des Dichters besteht darin, dass Amor bei seinem Erwachen die Schönheit der Geliebten erkennt, dauerhaft bei ihr verweilt und sie gar ihres Liebreizes wegen der Liebesgöttin Venus vorzieht. Als dieser erwacht, sträubt er sich zunächst: »Er kämpft ein wenig zu entfliehen«, bevor er Sara erblickt und beruhigt ist:

Gebändigt ist das Jüngelein
Von ihrem Anblick umstrickt
Von Freud' erfüllt ist es allein
Und schlägt mit den Flügeln beglückt.

»Und oh«, ruft es, »Wie segensreich,
Ein Thron von Reiz und Zier,
Der Venus Liebe ist mir gleich,
mein Königreich ist hier.

John Keats (1795–1821), ein anderer englischer Dichter der Romantik, vergleicht in seinem Freundschaftsgedicht »An einen Freund, der mir Rosen schickte« (veröffentlicht 1817) die Schönheit ländlicher Wildrosen mit der kultivierter Gartenrosen: Als der Dichter durch eine ländliche Gegend wandert, erblickt er eine herrliche Moschus-Rose (»die süßeste Blume der wilden Natur«) und vergleicht sie mit einem Zauberstab, wie ihn die Feenkönigin Titania trägt, bevor er sich »an ihrem Duft ergötzt«. Ihre Schönheit erachtet er als den Gartenrosen weit überlegen. Am schönsten jedoch findet er, obwohl es Gartenrosen sind, diejenigen Rosen, die ihm ein Freund schickte, weil sie ihn an die Freundschaft erinnern: »Sanfte Stimmen hatten sie, die mit zartem Flehen / Von Frieden und Wahrheit und unvergänglicher Freundschaft flüsterten.«

»Des Sommers letzte Rose«

Die vergängliche Schönheit von Rosen inspirierte auch den irischen Dichter Thomas Moore (1779–1852) zu seinem berühmten Gedicht »Des Sommers letzte Rose« (1805). Das Gedicht handelt davon, wie kurz das Leben und die Freundschaft währen. Moore schrieb es während eines Aufenthaltes in Jenkinstown Park, einem Anwesen in der Grafschaft Kilkenny. Inspiriert war es angeblich von einem Exemplar der Rose 'Old Blush', die als erste China-Rose erfolgreich in Europa und Nordamerika angepflanzt wurde. Der Dichter bewundert die letzte Rose des Sommers, die noch im Beet blüht, während die übrigen Blumen schon verwelkt sind. Anstatt sie allein stehen zu lassen, beschließt er, ihre Blütenblätter am Boden zu verstreuen und die Blume mit ihren einstigen Beetnachbarinnen zur Ruhe zu schicken (siehe Kasten unten).

Nicht länger sollst du trauern,
allein am Stiel bist du,
gleich den entschlaf'nen
Schwestern bett' ich dich nun
zur Ruh,
Die Blütenblätter streu ich hier
an dem gleichen Ort,
wo deine Lieben starben,
verloren sind und fort.

THOMAS MOORE: *Des Sommers letzte Rose* (1805)

RECHTS Die rosafarbene Rose 'Old Blush' kam um 1750 aus China nach Europa, wo sie weithin beliebt wurde. Ein Exemplar im irischen Jenkinstown Park (Kilkenny) soll Thomas Moore zu seinem Gedicht »Des Sommers letzte Rose« inspiriert haben.

Vom Tod der Blumen berührt, überdenkt der Dichter, was in seinem eigenen Leben folgen mag, »[...] wenn mir die Freundschaft stirbt / und von der Liebe Strahlen der letzte Schein verdirbt.« Er kommt zu dem Schluss, dass Schönheit und Leben vergehen müssen, denn wer wollte schon – wie die letzte Rose des Sommers – alleine zurückbleiben, nachdem die Freuden des Lebens verblasst sind? (»Wer möchte auf Erden noch weilen / verlassen und allein«).

Das Gedicht wurde mit einer überlieferten Melodie (*Aislean an Oigfear*, »Der Traum des jungen Mannes«) kombiniert und in Moores »Auswahl irischer Melodien« veröffentlicht. Diese Musik war Inspirationsquelle für zahlreiche Komponisten – von Beethoven und Mendelssohn bis zu Britten und Hindemith. Später interpretierten Künstler wie Bing Crosby, Nina Simone und Tom Waits das Lied und Schriftsteller wie Jules Verne und James Joyce bezogen sich auf das Gedicht.

DIE ROSE IN VOLKS- UND KUNSTMÄRCHEN

DIE ROSENSYMBOLIK in Dichtung und Literatur der Romantik war von volkstümlichen Überlieferungen inspiriert. In einer Zeit, in der das »einfache Landleben« früherer Zeiten zunehmend Industrie und Fabriken wich, wuchs das Interesse, Volksmärchen zu sammeln, um sie für die Nachwelt zu bewahren. Diese Sehnsucht nach dem »Ursprünglichen« zeigte sich auch daran, alte Volkslieder für spätere Generationen zu überliefern.

Die Brüder Grimm

Die Brüder Jacob (1785–1863) und Wilhelm Grimm (1786–1859) waren Sprachwissenschaftler und Volkskundler, die die von ihnen zusammengetragenen deutschen und europäischen Volksmärchen in der Sammlung »Kinder- und Hausmärchen« (»Grimms Märchen«, 1812–1815) veröffentlichten. Darin enthalten ist unter anderem das Märchen »Dornröschen«, das von der gleichnamigen Prinzessin handelt, die in einen hundertjährigen Schlaf fällt. In dieser Zeit wird das gesamte Schloss von einer verzauberten Rosenhecke überwuchert.

In einem weiteren Märchen der Brüder Grimm mit dem Titel »Die Rose« steht die Blume ebenfalls für Schönheit, aber auch für die Vergänglichkeit der Zeit und den nahenden Tod. Die Handlung dreht sich um eine Mutter, die ihren Sohn (in einigen Versionen eine Tochter) zum Holzsammeln in den Wald schickt. Das Kind bringt der Mutter eine Rose und erzählt, es habe sie im Wald von einem Jungen erhalten. Die Mutter stellt die Rose ins Wasser. Doch als sie erblüht, geschieht etwas Schreckliches: Die Mutter will ihr Kind wecken und findet es tot in seinem Bett.

Auch im englischen Märchen *The Rose-Tree* (»Der Rosenstock«), das der australische Volkskundler Joseph Jacobs (1854–1916) in seine Märchensammlung »Englische Märchen« aufnahm, steht die Rose für Schönheit, Vergänglichkeit und vorzeitigen Tod. Darin tötet eine böse Stiefmutter die schöne Tochter ihres Mannes und gibt dem Vater Herz und Leber des Mädchens zu essen. Der Bruder des Mädchens begräbt dessen Überreste unter einem Rosenstock, den er mit seinen Tränen gießt. Mit der Zeit blüht die Rose und ein weißer Vogel erhebt sich aus dem Rosenstock. Er fliegt davon und kehrt mit einem Mühlstein zurück, den er dreimal gegen die Traufe des Hauses schlägt. Beim dritten Mal lässt er den Stein auf die Stiefmutter fallen, woraufhin diese tot zu Boden sinkt.

Hans Christian Andersen

Im Märchen »Die Blumen der kleinen Ida« (1835) des dänischen Schriftstellers Hans Christian Andersen (1805–1875) werden Rosen als Könige der Blumen dargestellt. Die kleine Ida, die traurig darüber ist, dass ihre Blumen die Köpfe hängen lassen, wird darin mit der Erzählung getröstet, dass die Blumen nachts im Königspalast und im Schlossgarten herrliche Bälle feiern, nach denen sie am nächsten Morgen müde und erschöpft sind. Dabei nehmen die schönsten Rosen als König und Königin den Thron ein. Im Verlauf der Geschichte halten die Blumen auch in Idas eigenem Haus einen nächtlichen Ball ab. Gebannt beobachtet sie von der Tür aus, wie die Blumen musizieren und tanzen und die Rosen die Königskronen tragen.

LINKS »Königin und König Rose«, eine Illustration zum Märchen »Die Blumen der kleinen Ida« von Hans Christian Andersen.

Auch die Rose in Andersens Märchen »Der Rosenelf« ist ein Symbol für Liebe und Schönheit. Zugleich hat sie aber auch eine bedrohliche Seite, denn die Rose und andere Blumen haben die Fähigkeit, Geheimnisse zu enthüllen und Untaten zu rächen. Hinzu kommt ein pantheistisches Motiv: Gott wohnt den Blüten inne und kann durch sie Vergehen aufdecken und bestrafen. Im Mittelpunkt der Erzählung steht ein Elf, der in einer Rosenblüte wohnt. Dieser beobachtet, wie der Geliebte einer Prinzessin von deren bösem Bruder getötet wird, und flüstert der Prinzessin die Wahrheit ins Ohr. Die Prinzessin stirbt an gebrochenem Herzen. In der Erde, in der der Geliebte begraben wird, wächst jedoch ein Jasminstrauch heran und die Blumengeister, die in dessen Blüten leben, töten den Mörder. Am Ende des Märchens singt die Bienenkönigin von der Macht der Blumen, das Böse zu rächen, und davon, dass selbst der kleinsten Blume ein Gott innewohnt.

Im Märchen »Die wilden Schwäne« wiederum symbolisieren Rosen die Schönheit der Prinzessin Elisa. Diese flieht vor ihrer bösen Stiefmutter, die ihre elf Brüder in Schwäne verwandelt hat, in ein fernes Land, dessen König sich in sie verliebt. Am Schluss der Erzählung wird die Prinzessin, die ihre Brüder retten will, selbst beschuldigt, eine Hexe zu sein, und zum Tod auf dem Scheiterhaufen verurteilt. Nachdem sie ihre Brüder von dem Fluch der Stiefmutter erlöst hat, verwandelt sich das Feuerholz in einen Rosenstrauch, der die Luft mit herrlichem Duft erfüllt. An seiner Spitze erscheint eine einzelne weiße Rose. Diese pflückt der König und schenkt sie der Prinzessin zu ihrer Hochzeit.

Die Rose der Liebe

Im Märchen »Die schönste Rose der Welt« setzt Andersen die Rose nicht nur mit Schönheit, sondern sogar mit der Liebe Gottes gleich. Die Erzählung handelt von einer Königin, die Rosen und Blumen über alles liebt. Doch die Königin erkrankt und ihre Ärzte teilen ihr mit, dass sie sterben wird. Der Weiseste unter ihnen verkündet jedoch, dass die schönste Rose der Welt sie retten kann. Und so bringen ihr ihre Untertanen Rosen aus allen Regionen des Landes, doch keine davon hilft. Schließlich bringt der kleine Sohn der Königin die Bibel an ihr Bett und liest daraus vom Tod Christi vor, woraufhin die rosige Farbe auf die Wangen der Königin zurückkehrt. Und so ist die schönste Rose der Bibel entstiegen – die Rose, die aus dem Blut wuchs, das Christus am Kreuz vergoss.

Diese Vorstellung folgt Legenden, denen zufolge dort, wo das Blut Christi vom Kreuz herabfiel, ein Rosenstrauch wuchs. Die Rose steht für die Liebe Gottes und den Opfertod Christi. Andere Legenden berichten, dass die Luft bei der Kreuzigung Christi von Rosenduft erfüllt war, was auf seine Heiligkeit bzw. die Anwesenheit von Engeln verwies.

Das Gemälde »Der Erzengel Barachiel streut Blumen« ist ein Werk des spanischen Barockmalers Bartolomé Román (um 1600). Die Rosenblätter, die der Erzengel verstreut, symbolisieren den Segen Gottes und das rechtschaffene Leben.

Es ist die Zeit, die du dich mit deiner Rose beschäftigt hast, die die Rose so bedeutsam macht.

Antoine de Saint-Exupéry: *Der kleine Prinz* (1943)

9

DIE ROSE IN DER MODERNEN KULTUR

(seit 1851)

Seit Jahrhunderten dienen Rosen in Religion, Poesie, Kunst, Literatur und Musik als Symbole. Sie spielen eine wichtige Rolle in Mode, Medizin und Parfümindustrie und sind dekorative Elemente der Wohn- und Gartenkultur. Auch in moderner Zeit ist die Rose ein beliebter Bestandteil kultureller Ausdrucksformen. So begegnen wir Rosen nicht nur in der modernen Literatur, sondern auch in Musik, Filmen und Cartoons der Popkultur, aber auch als Symbole öffentlicher Veranstaltungen und in der Politik. Ob als Motiv für Tattoos, Gemälde oder Skulpturen – in allen Bereichen der Kultur nehmen wir sie auf neue Weise wahr. Ihre Beliebtheit hält also auch weiterhin an.

Rosa carolina

DIE ROSE IM ÖFFENTLICHEN LEBEN

In einer Proklamation am 20. November 1986 erklärte US-Präsident Ronald Reagan (Präsident 1981–1989) die Rose zur Nationalblume der Vereinigten Staaten. Dabei würdigte er die vielen Bedeutungen, die die Rose im 20. Jahrhundert hatte, und erläuterte:

> *Mehr als jede andere Blume ist uns die Rose als Symbol des Lebens, der Liebe und der Hingabe, der Schönheit und Ewigkeit lieb und teuer.*
>
> Ronald Reagan (1986)

Reagan erinnerte daran, dass George Washington, der erste Präsident der USA (1789–1797), Rosen züchtete, dass die Rose in allen Bundesstaaten gedeiht und dass das Weiße Haus, der Amtssitz des Präsidenten, über einen eigenen Rosengarten verfügt. Rosen, so erklärte er, repräsentieren verschiedenste Arten der Liebe und Hingabe – die zwischen Mann und Frau, zwischen Mensch und Gott sowie die zum eigenen Land. Er wies auf die Bedeutung der Rose in Kunst, Musik und Literatur hin sowie darauf, wie »wir unsere Feste und Paraden mit Rosen schmücken [...]. Rosen zieren unsere Altäre, unsere zivilen Schreine und die letzten Ruhestätten verdienter Verstorbener« und ergänzte: »Amerikaner, die die Sprache des Herzens sprechen wollen, tun dies mit einer Rose.«

Vor allem bei öffentlichen Feiern spielen Rosen eine wichtige Rolle. So ist die zu Neujahr abgehaltene Rose Parade in Pasadena die größte Blumenparade der USA. Erstmals fand sie 1890 statt, um die Vorzüge des milden kalifornischen Winters zu würdigen. Zu ihrer Finanzierung kam 1902 die Rose Bowl, ein College-Football-Spiel, hinzu. 2020 nahmen 40 Festwagen und 20 Marschkapellen an der Rose Parade teil.

Zweitgrößte Blumenparade des Landes ist das Portland Rose Festival, das jeden Juni in Portland stattfindet. Die auch als »City of Roses« bekannte Stadt im Bundesstaat Oregon richtet zudem seit 1889 alljährlich eine Rosenschau aus. Darüber hinaus ist sie Standort des International Rose Test Garden, der 1917 mit Jesse Currey (Präsident der Portland Rose Society) als erstem Kurator gegründet wurde. Dieser Versuchsgarten wurde angelegt, um in Europa gezüchtete Rosenhybriden zu bewahren, deren Bestand durch den Ersten Weltkrieg bedroht war. Mittlerweile beherbergt der Garten in Portlands Washington Park mehr als 10 000 Rosensträucher und 650 Rosensorten aus aller Herren Länder.

Außerhalb der USA gilt auch das polnische Kutno als »Stadt der Rosen«. Seit 1975 wird hier alljährlich ein Rosenfestival mit Rosenschauen und Volksmusik abgehalten. Rosenzüchter aus dem Umland von Łódź stellen ihre Blumen aus, und das Festival lockt Floristen, Blumenarrangeure und Blumenbinder aus Polen, Lettland, Litauen und Russland an. Und auch das Rosenfest (*Fête des Roses*) in der marokkanischen Oasenstadt Kelâa M'Gouna ist bei Besuchern und Rosenkennern aus aller Welt bekannt.

RECHTS Die Rosenparade von Pasadena wurde erstmals 1890 vom ortsansässigen Valley Hunt Club ausgerichtet. Seither fand sie in den meisten Jahren statt.

DIE ROSE IN DER LITERATUR

Auch in der modernen und postmodernen Literatur bleibt die Rose ein beliebtes Symbol, in dem viele Bedeutungen mitschwingen, die sie bereits im Lauf der Jahrhunderte innehatte. In einer Nachschrift zu seinem berühmten Roman »Der Name der Rose« (1980) erläuterte dessen Autor Umberto Eco (1932–2016), die Rose sei derart mit Symbolik aufgeladen, dass sie nahezu neutral erscheint – so bedeutungsschwanger, dass sie schon fast sinnentleert geworden ist.

In seiner »Nachschrift zum ›Namen der Rose‹« führte Eco aus, warum er gerade diesen Titel für seinen Roman wählte, und erläuterte, dass er sich einen »vollkommen neutralen Titel« wünschte. Der Roman spielt in einem norditalienischen Kloster des 14. Jahrhunderts und ist zu einem Teil ein Kriminalroman, zum anderen aber auch reich an Vorstellungen über Theologie, Religionsgeschichte, Philosophie und Literaturtheorie, voller Strukturen und Muster. In diesem Zusammenhang verweist er auf die biblische Offenbarung des Johannes und frühere Autoren wie Sir Arthur Conan Doyle (1859–1930), Schöpfer der Sherlock-Holmes-Geschichten, den argentinischen Romancier Jorge Luis Borges (1899–1986), den französischen Schriftsteller Alexandre Dumas (1802–1870) sowie den britischen Romancier und Kurzgeschichtenautor Rudyard Kipling (1865–1936). Der Roman spricht Themen der Philosophie an wie etwa das Werk des österreichisch-britischen Philosophen Ludwig Wittgenstein (1889–1951), und ein fehlendes Buch des griechischen Philosophen Aristoteles

OBEN »Rosen« (um 1920) von Margaret Stoddart. Anders als auf Gemälden ist die Schönheit echter Rosen nicht von Dauer. Vielleicht geht es auch im Roman »Der Name der Rose« um eine verlorene Rose – sei es das Buch des Aristoteles über die Komödie oder das Bauernmädchen, das den Novizen Adson verführt.

spielt darin eine zentrale dramaturgische Rolle. Der »neutrale Titel«, den Eco sich wünschte, ist angemessen, denn als Teil der postmodernen Literaturbewegung verweigert sich das Buch dem Endgültigen und der Bedeutung: Nach stundenlanger deduktiver Arbeit kommt Ecos Mönch-Detektiv William von Baskerville zu dem Schluss, dass es »kein Muster gab«.

Der Titel kann auch als Hinweis auf das Universalienproblem in der Metaphysik und Philosophie gelesen werden, wie es der englische Franziskanermönch und Philosoph Wilhelm von Ockham (um 1285–1347) formulierte:

»Es gibt keine universelle Rose, nur den Namen Rose.« Die letzte Zeile von Ecos Buch lautet: »Die Rose von einst besteht nur ihrem Namen nach; alles, was wir besitzen, sind nackte Namen.«

Seiner »Nachschrift« stellt Eco ein Gedicht voran, das die mexikanische Nonne und Mystikerin Sor Juana Inés de la Cruz im 17. Jahrhundert verfasste:

Rote Rose, du wächst auf der Wiese,
Anmaßend brüstest du dich
Des Bads in Purpur und Karmin:
Ein Schauspiel duftend und reich.
Doch nein: Auch wenn du schön bist,
Wird dich das Elend ereilen.

Sor Juana Inés de la Cruz (1648–1695)

Hier ist die Symbolik der Rose vertrauter: ein anmutiges Lebewesen, das, obwohl es voller Leben und Schönheit ist, keinen Bestand haben wird.

Die Rose als Muse

Eine zentrale Rolle spielt die Rose auch in der tiefgründigen Novelle »Der kleine Prinz« des französischen Schriftstellers Antoine de Saint-Exupéry (1900–1944). Die Erstausgabe erschien 1943 in den USA, gleichzeitig im französischen Original und in der englischen Übersetzung. Die Rose steht darin – ganz traditionell – für Schönheit und Liebe, dies allerdings auf besondere Weise: In der Geschichte personifiziert sie eine ganz bestimmte Frau, die gemeinhin mit der Ehefrau des Autors gleichgesetzt wird. Die Erzählung ist als Kinderbuch gestaltet und schildert, wie der Erzähler nach der Notlandung seines Flugzeugs in der Sahara einem lachenden kleinen Prinzen mit goldenem Haar begegnet. Der Prinz ist Raumfahrer und die besagte Rose wächst auf seinem Heimatplaneten, einem Asteroiden namens B 612, auf dem es auch drei Vulkane gibt, von denen einer erloschen ist. Der Prinz beschreibt, wie er sich in die Rose verliebte und sich aufmerksam um sie kümmerte, indem er für sie einen Windschutz in Form einer Glasglocke baute. Er fand aber auch, dass die Blume ein wenig eitel war und ihre Probleme übertrieb. Schließlich verließ er sie, um das Universum zu erkunden. Beim Abschied war sie ernst und bedauerte, dass sie ihm nicht gezeigt hatte, wie sehr sie ihn liebte. Sie sagte, sie brauche die Glasglocke nicht und würde auf sich selbst aufpassen. Später bedauerte der Prinz sehr, dass er seine Rose nicht verstanden hatte und nicht wusste, wie er sie lieben sollte. Auf der Erde sah er eine An-

RECHTS Illustration zur Erzählung »Der kleine Prinz« von Antoine de Saint-Exupéry. Darin stürzt der Erzähler mit seinem Flugzeug in der Sahara ab und trifft auf einen kleinen Jungen mit goldenem Haar – einen Rosenliebhaber, der von einem fernen Asteroiden zur Erde gereist ist.

sammlung von Rosensträuchern und war schockiert, denn er hatte seine Rose für einzigartig gehalten.

Verschiedene Kommentatoren, darunter Saint-Exupérys Biograf Paul Webster, haben die Rose als Metapher für die Ehefrau des Autors, Consuelo de Saint-Exupéry, gedeutet. Antoine und Consuelo führten eine schwierige Ehe, doch laut Webster war Consuelo Saint-Exupérys Muse, der er »in vielen Briefen sein Herz ausschüttete«. Sie stammte aus El Salvador, einem kleinen Land, das als »Land der Vulkane« bekannt ist und somit eindeutig das Vorbild für den vulkanverwüsteten Heimatplaneten des Prinzen abgab, auf dem die schöne Rose wuchs. (Consuelos Erinnerungen an die gemeinsame Zeit erschienen 2000 posthum in ihren Memoiren.) Die Rosen, die der Prinz zuvor für einzigartig gehalten hatte und die er nun in großen Mengen in der Wüste wachsen sah, repräsentieren die Zweifel des Autors an seiner Ehe – und möglicherweise auch die sexuelle Untreue des Ehemanns.

Rosensymbolik in Kurzgeschichten

Ein weiterer moderner Klassiker mit faszinierender Rosensymbolik ist die Kurzgeschichte »Die Möglichkeit des Bösen« der amerikanischen Schriftstellerin Shirley Jackson (1916–1965), die 1965 in der *Saturday Evening Post* erschien. Sie erzählt von einer scheinbar harmlosen alten Dame, Miss Strangeworth, die in einer Kleinstadt lebt und sehr stolz auf ihre rosa, weiß und rot blühenden Rosen sowie ihr ordentliches Haus ist. Wie sich jedoch herausstellt, schickt sie den Menschen in ihrer Stadt anonyme Briefe voller übler Gerüchte. Als sie eines Tages einen ihrer Briefe verliert, wird sie von einem Jungen beobachtet, der den Brief der Person, an die er gerichtet ist, aushändigt. Am nächsten Tag erhält Miss Strangeworth selbst einen Brief, der ihren eigenen Schreiben ähnelt: Der Verfasser teilt ihr darin mit, dass ihre geschätzten Rosen ein schreckliches Ende gefunden haben.

Die Rosen symbolisieren Miss Strangeworths Verbundenheit mit der Stadt, in der sie lebt. »Die Rosen gehörten in die Pleasant Street, und der Gedanke störte sie, dass die Menschen sie wegtragen wollten«. Sie stehen für ihren Wunsch nach Perfektion und ihre Vorstellung von einem idealisierten Leben. Wie die Rosen, deren herrliche Blüten auf dornigen Stielen sitzen, repräsentieren die Blumen Miss Strangeworths nach außen freundliches, im Inneren aber hässliches Wesen.

Auch in der Kurzgeschichte »Eine Rose für Emily« von William Faulkner (1897–1962) hat die Rose eine mit Geheimnissen verbundene Bedeutung. Faulkners Erzählung wurde 1930 in der Zeitschrift *The Forum* veröffentlicht. Die Geschichte handelt von einer zurückgezogen in den Südstaaten lebenden älteren Dame namens Emily Grierson. In jüngeren Jahren hatte diese eine Liebesbeziehung mit einem aus der Arbeiterklasse stammenden Nordstaatler namens Homer Barron. Nachdem die Beziehung jedoch an seiner Untreue gescheitert ist, bleibt Emily allein, bis sie im Alter von 74 Jahren stirbt. Nach ihrem Tod entdeckt man auf ihrem Bett Homers verweste Leiche. Alles deutet darauf hin, dass sie jahrelang neben seiner Leiche geschlafen hat. Die Rose im Titel der Erzählung symbolisiert damit das heimliche Verbergen des Leichnams. Möglicherweise verweist ihre Bedeutung aber auch auf den Wunsch, das Schöne zu bewahren. So hat Emily den Leichnam Homers nach seinem Tod wie eine zwischen Buchseiten gepresste Rose aufbewahrt. Nicht zuletzt steht die Rose auch für die Liebe – hier für Emilys Liebe zu Homer.

LINKS Rosen stehen für Vollkommenheit, Liebe und Schönheit. Sterbende Rosen hingegen verweisen darauf, dass diese Ideale all unseren Bemühungen zum Trotz, die Zeit und den Tod zu überwinden, keinen Bestand haben können.

DIE ROSE IM FILM

DAS 20. JAHRHUNDERT bescherte uns eine visuell machtvolle und emotional eindrucksvolle neue Kunstform, das Kino. Seither haben die Filmregisseure der Rose viele Rollen zugewiesen. Wie in Volksmärchen, Literatur, bildender Kunst und Religion ist sie auch im Film ein Symbol für die Liebe und die Schönheit, die vergehen muss, für die Trauer über das Verstreichen der Zeit und für das Mysterium – wie die Rosenknospe, die sich entfaltet.

Die rote Rose ist ein Symbol für Liebe und Schönheit.

»Die Schöne und das Biest«

Im berühmten Disney-Zeichentrickfilm »Die Schöne und das Biest« (1991) spielt die Rose eine Schlüsselrolle und trägt einen Großteil der symbolischen Bedeutung. Der Film beruht auf einem 1740 erschienenen Märchen der französischen Schriftstellerin Gabrielle-Suzanne Barbot, Dame de Villeneuve (1685–1755), das von Jeanne-Marie Leprince de Beaumont (1711–1780) überarbeitet wurde, sowie auf dem Film *La Belle et la Bête* (»Es war einmal«) von Jean Cocteau (1889–1963) aus dem Jahr 1946.

Im Disney-Film bittet eine Zauberin in der Gestalt einer Bettlerin im prachtvollen Schloss eines Prinzen um Obdach und bietet ihm als Lohn eine Rose an. Arrogant lehnt er ihre Bitte ab. Daraufhin verzaubert sie den Prinzen in ein

Ungeheuer und erklärt, er würde für immer ein Biest bleiben, wenn er nicht zu lieben lernt und das Herz eines Mädchens gewinnt, bevor die verzauberte Rose in seinem 21. Lebensjahr ihr letztes Blütenblatt verliert. Nach einiger Zeit besucht die schöne Belle das Schloss und begegnet dem Biest. Sie kommen sich näher und das Biest verliebt sich in Belle. Doch dann wird es im Kampf von einem Jäger verletzt, der es aus Eifersucht töten will. Bevor das letzte Blütenblatt fällt, stirbt das Biest in Belles Armen. Weil Belle ihm jedoch sogleich ihre Liebe gesteht, ist der Zauber gebrochen. Das Biest wird wieder lebendig, verwandelt sich in den schönen jungen Prinzen von einst und beide leben glücklich bis an ihr Lebensende.

Die Blume symbolisiert im Film Schönheit, Liebe, das Verstreichen der Zeit und auch das Geheimnis – denn wie so oft im Märchen trügt auch hier der Schein, und die Menschen sind nicht die, die sie zu sein scheinen. In der ursprünglichen Märchenvorlage bittet Belle ihren Vater, einen in Not geratenen Kaufmann, um eine Rose. Als dieser im Schlossgarten des Biests eine Rose für sie pflückt, droht es, den Kaufmann in den Kerker zu werfen. Schließlich lässt es ihn dann aber doch mit der Blume nach Hause zurückkehren – unter der Bedingung, dass eine der Töchter des Kaufmanns dessen Platz im Kerker einnehmen soll. Belle geht auf diese Forderung ein und verliebt sich in das Biest, das schließlich seine wahre Identität als Prinz offenbart.

RECHTS Ein französischsprachiges Werbeplakat für den Film »Die Schöne und das Biest« (2017). Das Biest muss beweisen, dass es das Herz eines Mädchens gewinnen kann, bevor die verzauberte Rose in seinem 21. Lebensjahr ihr letztes Blütenblatt verliert.

»American Beauty«

Auch im oscarprämierten Film »American Beauty« (1999) spielen rote Rosen eine Rolle. Unter der Regie von Sam Mendes spielt Kevin Spacey darin den Zeitschriftenmanager Lester Burnham, der während seiner Midlife Crisis sexuelle Fantasien über die beste Freundin seiner Tochter entwickelt. Nicht nur in diesen spielen Blütenblätter roter Rosen eine große Rolle, auch das Haus, in dem er mit seiner Frau Carolyn lebt, ist mit Vasen voller Rosen geschmückt. Die Blume repräsentiert somit zum einen Lesters Begierde und seinen egoistischen Wunsch, frei von Verpflichtungen zu sein, zum anderen aber auch die Konformität der Vorstadt – das Gegenteil von Freiheit. Das leuchtende Rot der Rosen findet sein Echo in dem Blut, das Lester vergießt, als er am Höhepunkt des Films getötet wird.

»V wie Vendetta«

Im Thriller »V wie Vendetta« (2005) stehen Rosen für Freiheit und Glück, aber auch für die Fragilität der Schönheit in einer rauen, funktionalen Welt.

Der Film unter der Regie von James McTeigue beruht auf einer Graphic Novel von Alan Moore, illustriert von David Lloyd (1988). Gezeigt wird eine dystopische Zukunft im Jahr 2032, in der ein anarchistischer Freiheitskämpfer namens V (gespielt von Hugo Weaving) die faschistische Regierung Großbritanniens bekämpft und an ihren Schlüsselfiguren Vergeltung übt. An ihren Leichen hinterlässt er jeweils eine scharlachrote Rose. Die zu dieser Zeit als ausgestorben geltenden Rosen pflanzt V. mit großer Sorgfalt in seinem Garten an.

Die Rosen sind ein Zeichen des Gedenkens an seine Freundin Valerie Page, die wegen ihrer sexuellen Orientierung getötet wurde. In einem Brief hatte diese beschrieben, wie ihre Partnerin scharlachrote Rosen für sie pflanzte, als sie noch in ihrer Londoner Wohnung glücklich waren: »Unsere Wohnung roch immer nach Rosen«, während »der besten Jahre meines Lebens«. Sie schreibt: »Drei Jahre hatte ich Rosen und entschuldigte mich bei niemandem.«

Die Rosen stehen für das Glück jener Zeit und die Freiheit der Frauen, sie selbst zu sein. Die beim Dreh verwendeten Baccara-Rosen tragen im Film den Namen 'Scarlet Carson'. In der Vorlage handelte es sich jedoch um die Rose 'Violet Carson', eine echte Rosensorte, die der renommierte in Nordirland geborene Rosenzüchter Samuel McGredy IV. (1932–2019) züchtete und nach der englischen Schauspielerin Violet Carson benannte.

LINKS Die Rose im Film »American Beauty« trägt ebenfalls den Namen 'American Beauty'. Eingeführt wurde die tiefrosafarbene Sorte 1875 in Frankreich von Henri Lédéchaux unter dem Namen 'Madame Ferdinand Jamin'.

»Rosemaries Baby«

Auch im Horrorfilm »Rosemaries Baby« (1968) stehen Rosen auf beunruhigende Weise mit Gewalt gegen Frauen in Verbindung. Die Regie führte Roman Polanski und Mia Farrow spielte die Hauptrolle. Im Film wird die Hauptfigur Rosemarie in ihrer New Yorker Wohnung von ihren Nachbarn, einem Satanistenehepaar, vergewaltigt und mit dem Sohn des Satans schwanger. Die im Film in verschiedenen Szenen auftauchenden Rosen symbolisieren Rosemaries Reinheit und die weibliche Fruchtbarkeit, die die Satanisten für ihre üblen Zwecke nutzen.

»Citizen Kane«

In Orson Welles' Filmklassiker »Citizen Kane« (1941) ist die Rose selbst zwar nicht präsent, allerdings spielt das Wort *Rosebud* (»Rosenknospe«) für die Handlung eine Schlüsselrolle. Die Hauptfigur, der Zeitungsmagnat Charles Foster Kane (gespielt von Welles selbst), spricht das Wort auf seinem Sterbebett aus, und ein Reporter wird darauf angesetzt, dessen Bedeutung zu ergründen. Der Film schildert Kanes Leben, doch der Reporter kann das Rätsel nicht lösen. Die Schlussszene enthüllt, dass »Rosebud« der Markenname von Kanes Schlitten aus Kindheitstagen war. Das Wort repräsentiert damit die Erinnerung des sterbenden Kane an sein langes Leben und an eine Zeit der Unschuld und des Glücks.

Rosen in der Filmmusik

Der Musikfilm »My Wild Irish Rose« (1947) mit Dennis Morgan (1908–1994) in der Hauptrolle schildert das Leben des irisch-amerikanischen Tenors Chauncey Olcott (1858–1932). Im Film ist auch das von Olcott geschriebene gleichnamige Lied zu hören, das zum Klassiker avancierte. Die »wilde irische Rose« steht darin sowohl für die Blume, die eine junge Frau dem Sänger schenkt, als auch die junge Frau selbst (siehe unten).

Wilde irische Rose mein,
Die süßeste Blume von allen allein,
Wohin der Blick auch reicht,
Gibt's keine, die ihr gleicht,
meiner wilden irischen Ros'.

Sie ist schüchtern und zurückgezogen wie eine verborgene Blume.
Dennoch hofft der Sänger, ihr Herz zu gewinnen:

Wenn ich geh an der Laube vorbei,
wo meine Liebe wächst, ist sie scheu,
Und ich wünsch mir allein,
eines Tages sei's mein,
das Herz meiner irischen Ros'.

CHAUNCEY OLCOTT:
Meine wilde irische Rose (1899)

LINKS Werbeplakat für den Film »The Rose« (1979): Bette Midler spielt darin die Sängerin Mary Rose Foster, die wie eine Rose erblüht und dahinschwindet – getreu dem Lebensmotto »Lebe schnell und stirb jung«.

Auch der Spielfilm »The Rose« (1979), angelehnt an die Lebensgeschichte der Rock- und Bluessängerin Janis Joplin (1943–1970), trägt die Rose im Titel. Bette Midler spielt darin die Rocksängerin Mary Rose Foster, genannt »The Rose«. Der Titelsong (gesungen von Bette Midler) brachte ihr einen Grammy Award ein. Die Rose steht darin für die Hoffnung und wiedererwachte Liebe.

Die französische Sängerin Édith Piaf hingegen veröffentlichte 1947 ihren Erfolgstitel *La Vie en Rose* (»Das Leben in Rosenrot«). Er wurde auch in den USA ein großer Hit, zu dem mehrere große Künstler Coverversionen einspielten, darunter Bing Crosby, Dean Martin, Louis Armstrong und Grace Jones. In der englischen Version enthält das Lied die unten stehenden Zeilen.

Vergiss nicht, im Winter:
Unter bitterkaltem Schnee
Liegt der Samen, der mit der
Liebe der Sonne
Im Frühling zur Rose wird.

The Rose (1979)

Wenn du mich in den Armen hältst,
Bin ich in einer anderen Welt,
Einer Welt, in der die Rosen blühen.

La Vie en Rose (1947)

DIE ROSE DER KÜNSTLER UND KÜNSTLERINNEN

Das Werk vieler Künstler und Künstlerinnen des 20. und 21. Jahrhunderts umfasst Bilder von Rosen. Ein Beispiel ist die US-amerikanische Künstlerin Georgia O'Keeffe (1887–1986) mit ihren charakteristischen großformatigen Blumengemälden. Im Laufe ihrer Karriere schuf sie mehr als 2000 Blumenbilder.

Mehrere Gemälde von O'Keeffe hatten Rosen zum Motiv, etwa das Bild »Abstraktion weiße Rose« (1927). Es zeigt – wie in einer Nahaufnahme – eine weiße Rose als fast schon abstrakten Wirbel aus Weiß, durchsetzt von roséfarbenen, grau-schwarzen Schatten. Vier Jahre später fertigte sie das Gemälde »Kuhschädel mit Kattunrosen«, das einen bleichen Schädel mit zwei weißen Kattunrosen zeigt. Derartige Kunstblumen aus Stoff dienen in New Mexico als Grabschmuck.

In ihren großformatigen Gemälden würdigte O'Keeffe die Schönheit der Blumen und spielte mit kulturellen Assoziationen, wobei Format und Gestaltung den Blick einfangen sollten. Hierzu erklärte die Künstlerin (siehe rechts):

Eine Blume ist relativ klein. Jeder hat viele Assoziationen mit Blüten – eine mit Blumen verbundene Vorstellung. [...] Niemand nimmt eine einzelne Blume wirklich wahr, da sie so klein ist und wir uns nicht die Zeit dazu nehmen. [...] Also sagte ich mir: »Ich werde malen, was ich sehe [...], aber ich werde sie groß malen, und die Menschen werden so überrascht sein, dass sie sich Zeit nehmen, um sie zu betrachten.«

Georgia O'Keeffe (1939)

OBEN Das Gemälde »Die meditative Rose« (1958) von Salvador Dalí wird oft dahingehend gedeutet, dass die Rose die Liebe des unter ihr stehenden Paares symbolisiert.

Im Werk von Salvador Dalí (1904–1989) steht die Rose als traditionelles Symbol für Jugend und Schönheit. Ein wiederkehrendes Motiv ist eine Frau, deren Haare oder Kopf durch einen Rosenstrauß ersetzt sind. Beispiele sind die Skulpturen »Hommage an die Mode« (1971) und »Alice im Wunderland« (1977) sowie das Gemälde »Frau mit Rosenkopf« (1935). In seiner Skulptur »Frau der Zeit« reckt hingegen eine Frauenfigur mit der Rechten eine Rose am Stiel in die Höhe, während eine geschmolzene Uhr (als Markenzeichen Dalís) über ihren linken Arm drapiert ist. In seinem Gemälde »Die meditative Rose« (1958, siehe oben) stellte Dalí eine rote Rose dar, die am Himmel über einer kahlen gelb-braunen Landschaft mit zwei Figuren schwebt. Letztere werden vielfach als Liebespaar interpretiert und die Rose als Symbol ihrer Liebe.

Die Rose in der Kunst der Moderne

Auch andere Künstler der Moderne wie der französische Impressionist Claude Monet (1840–1926), der deutsch-dänische Künstler Emil Nolde (1867–1956) und der Schweizer Bildhauer und Grafiker Alberto Giacometti (1901–1966) schufen Rosenbilder. So spiegeln die Blumen- und Landschaftsgemälde Monets, der viele Jahre in Giverny lebte und dort einen herrlichen Garten anlegte, seine Erforschung der »kontrollierten Natur« wider. Noldes Ölgemälde »Rosen am Weg« (1935) wiederum zeigt eine rosenbewachsene Böschung – eine leuchtend rote Farbwolke entlang eines ländlichen Pfades. 1961 fertigte Giacometti eine Lithografie mit dem Titel »Bouquet aus Rosen« mit einem Blumenstrauß in einer Vase auf einem Tisch.

Auch der amerikanische Künstler Alex Katz (geb. 1927) schuf mehrere faszinierende Rosen- und Blumengemälde. Sein aufsehenerregendes Rosengemälde »Rote Rosen mit Blau« (2001) stellt rote Rosenblüten und grüne Blätter dar, die vor einem himmelblauen Hintergrund an einem Spalier oder Zaun emporwachsen. Im Gemälde »Weiße Rosen« (2012) sieht man vor einem ähnlichen hellblauen Hintergrund zehn weiße Rosenblüten an grün belaubten Stielen in verschiedenen Stadien des Erblühens. Sein Werk »Rosenknospe« (2019) hingegen zeigt eine Rosenknospe in zwei Stadien – fast noch geschlossen und weiter geöffnet – vor einem grünlich-blauen Hintergrund. Alle Bilder spielen mit Raum und Tiefe, wobei die scheinbare Bewegung der Blumen durch den Bildraum und aus ihm heraus ins Auge fällt. Katz verglich 1968 die Darstellung von Blumen mit dem Malen von Menschen.

Ein weiterer Entwicklungsschritt der modernen Kunst machte die Rose selbst zum Kunstwerk, statt sie nur darzustellen. So schuf der niederländische Künstler Herman de Vries (geb. 1931) die Installation »108 Pfund Damaszener-Rosen« (2013–2015), für die er Tausende von Rosenknospen in einem Kreis von vier Meter Durchmesser am Boden auslegte. Das Werk war 2015 bei der 56. Biennale di Venezia im niederländischen Pavillon zu sehen. Der Raum, in dem es entstand, war vollständig vom Blütenduft erfüllt – schließlich dient die Damaszener-Rose zur Herstellung von Rosenöl und -parfüm. De Vries hat 1949 mit 18 Jahren eine zweijährige Gärtnerlehre begonnen und in den 1960er-Jahren am Institut für Angewandte Biologische Freilanduntersuchungen in Arnheim (Niederlande) gearbeitet.

LINKS »Das Haus zwischen den Rosen« (1925) zeigt den Blick durch eine Rosenallee auf Claude Monets Haus im französischen Giverny. Die rosafarbenen und roten Rosen malte Monet in dem impressionistischen Stil, für den er berühmt war.

Eine überragende Rose

Für ihr monumentales Kunstwerk »Rose II« (2007) schuf die deutsche Bildhauerin und Konzeptkünstlerin Isa Genzken (geb. 1948) eine riesige Rose. Die Blume ist 11 Meter hoch und aus lackiertem Aluminium und Stahl gefertigt. Sie wurde erstmals 2010 vor der Fassade des New Museum in New York ausgestellt. Heute befindet sich das Kunstwerk im Abby Aldrich Rockefeller Sculpture Garden des MoMa in Manhattan. Ein erstes Set von drei monumentalen Rosen hatte Genzken 1993 für den Kunstsammler Frieder Burda aus Baden-Baden angefertigt – der deutschen Stadt, die für ihre Rosenneuheitenprüfungen berühmt ist. Eine der ursprünglichen Rosenskulpturen wurde in einem Baden-Badener Privathaus installiert, während eine zweite im Tokioter Stadtteil Roppongi aufgestellt wurde.

Genzken fertigte 2016 auch die 8 Meter hohe »Rose III« aus lackiertem Stahl. Sie hat sie einer echten gelben Rose nachempfunden und sie steht im Zuccotti Park in Manhattan (New York). Einige Kunstexperten sehen in dieser Installation eine politische Aussage, da die Rose ein Symbol des demokratischen Sozialismus ist und der Park – ein öffentlich zugängliches Privatgrundstück – 2011 im Rahmen der Occupy-Wall-Street-Proteste besetzt wurde.

ROSEN IN DER MODEWELT

Das gesamte 20. Jahrhundert hindurch war die Rose eine Lieblingsblume der Modeindustrie. Ebenso einflussreich für die Modewelt wie der spanische Künstler Pablo Picasso (1881–1973) in der bildenden Kunst war der französische Modedesigner Paul Poiret (1879–1944), der als »König der Mode« galt. Poiret gründete ein Modehaus für Haute Couture und wählte die Rose als Signet. Für dessen künstlerische Gestaltung engagierte er den französischen Illustrator und Designer Paul Iribe (1883–1935), der den berühmten Rosenumriss für das Modehaus kreierte. Auch Designer wie Christian Lacroix, Yves Saint Laurent, Domenico Dolce und Stefano Gabbana verwendeten immer wieder Rosen in ihren Entwürfen. Beispiele hierfür sind Saint Laurents Kleider mit Rosendruck oder Dolce & Gabbanas romantische Jumpsuits mit Rosenprint.

Ähnlich wie in der Mode sind Rosen auch heute noch ein beliebtes Motiv der Streetart sowie im Tattoo-Design.

Mitten im geschäftigen Treiben des New Yorker Stadtteils Manhattan ragt Isa Genzkens 8 Meter hohe Skulptur »Rose III« wie ein floraler Wolkenkratzer in den Himmel.

DIE ROSE IN DER POLITIK

Die rote Rose steht als Symbol seit Ende des 19. Jahrhunderts für den demokratischen Sozialismus. Ausschlaggebend hierfür war die Farbe Rot, die seit der Februarrevolution von 1848 in Frankreich mit dem Sozialismus verknüpft ist. Die Sozialistische Partei Frankreichs (*Parti socialiste*) erkor 1971 die in einer Faust gehaltene Rose zu ihrem Symbol, und die britische *Labour Party* trat 1987 mit dem Symbol der roten Rose zur Wahl an. Diese Entscheidung soll auf den damaligen Wahlkampfleiter der Partei Peter Mandelson zurückgehen, obwohl auch der Vorsitzende Neil Kinnock die Idee beanspruchte.

Bekannt ist auch die »Weiße Rose«, eine Gruppe gewaltfreier Widerstandskämpfer gegen die Gewaltherrschaft des Dritten Reichs, die im Zweiten Weltkrieg mit heimlichen Flugblatt- und Graffiti-Aktionen zum Widerstand gegen das nationalsozialistische Regime in Deutschland aufrief. Ihre Anführer Hans (1918–1943) und Sophie Scholl

Logo der französischen *Parti socialiste*

Die Farbe Rot gehört zu den Symbolen des Sozialismus.

(1921–1943) sowie Christoph Probst (1919–1943) wurden von der Gestapo verhaftet und nach einem Schauprozess am 22. Februar 1943 hingerichtet. Hans Scholl gab im Verhör an, zum Namen »Weiße Rose« habe ihn die Romanze »Die Rosa Blanca« des romantischen Dichters Clemens Brentano (1778–1842) inspiriert. Es wird jedoch vermutet, dass Scholl die wahren Motive der Namenswahl geheim hielt, um die anderen Mitglieder der Gruppe zu schützen.

Eine weitere Verbindung zwischen Rosen und der politischen Linken besteht durch den Slogan »Brot und Rosen« sowie das gleichnamige Gedicht des US-amerikanischen Dichters James Oppenheim (1882–1932). Die Idee dazu kam Oppenheim durch einen Artikel der US-Frauenrechtlerin Helen Todd (um 1870–1953), in dem sie 1911 forderte: »Brot für alle – und Rosen ebenso«. Oppenheims Gedicht enthielt die Zeilen (siehe Kasten unten):

Der Ausdruck »Brot und Rosen« drückt aus, dass die Menschen neben einem angemessenen Lohn auch anständige Lebensbedingungen brauchen:

Das mütterliche Element in der Welt und seine Stimme werden dazu beitragen, dass eine Zeit anbricht, in der das Brot des Lebens, das Heim, Schutz und Sicherheit bedeutet, und die Rosen des Lebens – Musik, Bildung, Natur und Bücher – jedem Kind zuteilwerden, das in dem Land geboren wird, in dessen Regierung es eine Stimme hat. Helen Todd (1911)

»Macht Schluss mit den Tagen der Mühsal: Es hungert das Herz uns gerad' wie der Bauch. Drum gebt uns endlich Brot – doch Rosen gebt uns auch!« James Oppenheim: *Brot und Rosen* (1911)

DIE BEDEUTUNG DER FARBEN

Mithilfe der Blumensprache oder Floriografie lassen sich wortlos Botschaften übermitteln. Angeblich ersannen diese Praxis die Frauen in osmanischen Serails, die nicht mit Fremden sprechen durften. Rosen werden in dieser Art von nonverbaler Kommunikation häufig verwendet und drücken je nach Farbe bestimmte Bedeutungen aus. Während rote Rosen Sinnbilder für Liebe und Leidenschaft sind, stehen weiße Rosen für Reinheit, rosafarbene für Glück und gelbe Blüten für Freundschaft – zumindest außerhalb des deutschsprachigen Raums, denn dort symbolisiert die gelbe Rose schwindende Liebe und Untreue.

Liebe und Leidenschaft

Reinheit

Glück

Freundschaft

DIE SCHWARZE ROSE

Die schwarze Rose ist ein Symbol für den Anarchismus. So ist *The Black Rose* z. B. der Titel einer anarchistischen Zeitschrift, die in den USA der 1970er-Jahre im Bostoner Raum vertrieben wurde. Denselben Titel trug in den 1990er-Jahren eine Vortragsreihe mit Persönlichkeiten wie dem amerikanischen Philosophen und Linguisten Noam Chomsky (geb. 1928) und dem politischen Philosophen Murray Bookchin (1921–2006). Darüber hinaus gibt es innerhalb der britischen Labour Party eine libertäre sozialistische Gruppe namens Black Rose.

LINKS Rosenblüten und -stacheln, die die Tarotkarte »Die Kraft« zieren, stehen für Lebenskraft und Stärke.

Rosen und ihre Farbsymbolik spielen auch bei Tarotkarten eine Rolle, die zum Wahrsagen genutzt werden. In Gebrauch sind die Bildkarten seit dem 14. Jahrhundert. Besonders beliebt waren sie im 20. Jahrhundert. Zwei oft verwendete Decks sind das Crowley-Thoth- (1969) und das Rider-Waite-Tarot (1910). Die Karte »Der Narr« zeigt in einigen Decks einen jungen Mann mit einem Hund sowie einer weißen Rose, der auf einen Abgrund zuschreitet, was Reinheit und Freiheit von niederen Begierden symbolisiert. Auf der Karte »Der Magier« hingegen ist ein Zauberer abgebildet, der mit der einen Hand zum Himmel und mit der anderen zur Erde deutet. Auf einem Tisch vor ihm liegen die Symbole der Elemente Erde, Feuer, Wasser und Luft und am Boden Lilien und Rosen.

Die sich aus einer Knospe entfaltende Rose wird auch als ein Symbol für die Offenbarung von Weisheit mittels spiritueller Praktiken gedeutet. Rosen sind auch auf der Tarotkarte »Die Kraft« zu sehen, die meist eine junge Frau mit einem Löwen abbildet. Oft trägt sie eine Blumenkrone oder einen Blütengürtel mit Rosen, die die duale Natur der Stärke versinnbildlichen: Sanftmut und Wildheit, Blüte und Stacheln. Die Karte »Der Tod« hingegen zeigt ein Skelett oder einen Sensenmann, häufig mit einer Fahne, die mit einer weißen Rose als Reinheitssymbol verziert ist.

EPILOG:
DURCH DIE ROSA BRILLE BETRACHTET

GETREU DEM MOTTO »Tu, was du liebst« gründete ich vor vielen Jahren in Atlanta (Georgia) ein Unternehmen für die Gestaltung und Pflege von Rosengärten. Ich wollte von schönen Dingen umgeben sein: Blumen und Bäumen, die mich zum Lächeln brachten. Zum Glück hatte ich Erfolg.

Zu Beginn dieses Abenteuers hielt ich mich an die mir bekannten Sorten und erkundigte mich bei Rosengärtnern, welche Sorten sie züchteten. Ich erinnere mich noch genau daran, wie ich mit meiner Freundin Pat Henry von der Rosengärtnerei Roses Unlimited (South Carolina) im Tagungshotel der District Rose Society im Fahrstuhl fuhr. Pat hatte eine Topf-Rose dabei und meine Frage, um was für eine Rose es sich dabei handle, löste eine wahre Lobeshymne auf die Rose und all ihre positiven Eigenschaften aus. Voll Freude beschrieb Pat, wie sich diese Rose in meinem Garten machen würde. Ich liebte Rosen und hörte mir viele Geschichten über Rosen an und kaufte immer mehr. Ich erwarb Rosen vor Ort oder online – meist nur wegen einer ansprechenden Abbildung. Oft bekam man auch die Flasche(n) mit Fungiziden und Insektiziden gleich mit dazu, und ich hielt mich bei der Anwendung jeweils an die Anweisungen. Damals war es gang und gäbe, dass man in den USA Pflanzen mitsamt den jeweiligen chemischen Mitteln kaufte. Meine Kunden verlangten in Bezug auf ihre Rosen Perfektion, und ich war bereit, alles Nötige zu tun, um diese zu bieten.

Zehn Jahre später wurde ich Kurator des Peggy Rockefeller Rose Garden im

Botanischen Garten von New York. Die Sammlung des Rosengartens sollte gerade erneuert werden und ich übernahm einen Rosengarten, der 20 Jahre lang chemisch behandelt worden war. Nach der Umgestaltung der Sammlung feierten wir 2007 die Neueröffnung. Im Jahr 2008 erfuhren wir von einem Gesetz, das Chemikalien aus dem öffentlichen Raum in New York verbannen sollte. Eine Weltklasse-Rosensammlung auf höchstem Niveau chemiefrei zu betreuen klang jedoch zunächst wenig aussichtsreich. Also fing ich von vorne an: Ich befragte bekannte Rosenzüchter nach Rosen, die gut in einem heißen, feuchten (krankheitsbegünstigenden) Klima gedeihen würden und ohne Chemie auskämen. Manche wünschten mir lachend Glück, andere gaben mir hilfreiche Vorschläge. Einige wenige aber hatten bereits mit der Arbeit begonnen: Sie konnten mir die passenden Rosen liefern, denen ich im Gegenzug eine großartige Plattform bieten konnte.

Wie sich zeigte, waren bereits einige herausragende krankheitsresistente Züchtungen auf dem Markt. Durch die Auswahl resistenter Sorten hatte der Peggy Rockefeller Rose Garden die Anwendung von Chemikalien um 96 Prozent reduziert, als ich ihn 2014 verließ.

LINKS Peter E. Kukielski betreute den Peggy Rockefeller Rose Garden von 2006 bis 2014.

DIE ZIELE MODERNER ROSENZÜCHTUNGEN

»Hybridisieren« bedeutet, dass man zwei verschiedene Arten oder Sorten kreuzt, um einen neuen Typus zu schaffen. Wäre ich kein professioneller Rosenzüchter, würde ich eine rote Rose mit einer weißen kreuzen, um eine neue rosafarbene Rosensorte zu erhalten. Stellen Sie sich vor, Sie kaufen diese Rose, pflanzen sie ein, hegen und pflegen sie. Stellen dann aber fest, dass die anfangs ansehnliche Rose im Lauf der Saison von Krankheiten befallen wird, kaum duftet und im Winter abstirbt. Daraufhin würde ich mich mit dem Argument herausreden, dass es mir ja nur um die Blütenfarbe ging, nichts anderes war mein Ziel.

Vielleicht sehen Sie dann in der nächsten Pflanzsaison in einem Katalog wieder einige schöne Rosen, die Ihnen gefallen. Wieder kaufen Sie sie, pflanzen sie ein, kümmern sich gut um sie, aber das Ergebnis ist dasselbe. Jetzt schließen Sie daraus, dass Ihnen die Rosenpflege nicht liegt. Als Rosenkäufer geht man davon aus, dass Rosen aus dem Katalog alle Eigenschaften aufweisen, die man sich wünscht – darunter auch Krankheitsresistenz, Duft und Widerstandsfähigkeit. Manchmal hat man zu guter Letzt aber nichts weiter als eine nicht gedeihende rosafarbene Rose.

In diesem Buch haben Sie die Geschichte der Rosen kennengelernt. Dabei spielten Pflanzenschutzmittel keine Rolle. Brauchte etwa Kleopatra künstliche Fungizide, um sich den Wunsch nach einem üppigen Rosenschmuck zu erfüllen? Und auch die alten Griechen verkauften auf ihren Märkten für ihre Rosen und Veilchen keineswegs Insektizide. In ihrer mehr als 35 Millionen Jahre währenden Geschichte haben Rosen ihre Widerstandsfähigkeit erwiesen. Erst durch den Eingriff des modernen Menschen büßten sie einige ihrer positiven Eigenschaften ein. Zum Glück gibt es heute wieder viele Zuchtbemühungen, um Gesundheit, Krankheitsresistenz und den Duft von Rosen zu verbessern.

UNTEN Die *Floribunda*-Rose 'Larissa' kann die ganze Saison über blühen und ist sehr krankheitsresistent.

DIE REGIONALITÄT DER ROSEN

Verbraucher können sich heute auf verschiedenen Websites informieren, welche Rosen in welchen Regionen gut gedeihen, und finden damit verlässliche Entscheidungshilfen für ihren eigenen Garten.

Laut der Köppen-Klassifikation gibt es z. B. in den USA acht klimatische Regionen. Von den feuchten Subtropen des Südens über die halbtrockene Steppe der Landesmitte bis hin zum mediterranen Klima an der Westküste. Der Anbau derselben Rosensorte kann in diesen sehr verschiedenen Klimazonen zu ganz unterschiedlichen Ergebnissen führen. Rosen, die von Florida bis Texas gedeihen, sind womöglich andere Sorten als jene, die das trockene Arizona schätzen, und noch andere sind für Kaliforniens mediterranes Klima geeignet. Vielleicht kennen Sie noch weitere Beispiele aus Ihrer eigenen Lebensumgebung. Wäre es nicht umso reizvoller, Rosengärten in verschiedenen Ländern zu besuchen und sich an den regionalen Unterschieden zu erfreuen?

Wer das Spritzen einstellt, kann Resistenzen entdecken

Der deutsche Rosenzuchtbetrieb W. Kordes' Söhne besteht seit 1887. Unter seinen frühen Erfolgen der 1950er-Jahre sind Rosenklassiker wie 'Iceberg' ('Schneewittchen®'), 'Crimson Glory' und 'Westerland' (KORwest). Die 1990er-Jahre stellten den Betrieb jedoch vor große Herausforderungen, denn der Einsatz von vielen Chemikalien wurde deutschlandweit verboten. Da der Fungizideinsatz auf den Versuchsfeldern staatlicherseits untersagt war, bemühte man sich bei Kordes deshalb in der Folge darum, gesunde und krankheitsresistente Rosen zu züchten. Zunächst zur Freude des Sternrußtaus: Beinahe das gesamte Feld war schwarz gesprenkelt und entlaubt. Kordes entdeckte jedoch einige gesunde Sorten, die sich als Grundlage für die Entwicklung neuer Zuchtlinien nutzen ließen. Inzwischen wurden viele der neuen Kordes-Rosen bereits mehrfach als ADR-Rosen ausgezeichnet (siehe S. 245) – was belegt, wie gut und robust sich die Rosen ohne den Einsatz von Chemikalien entwickeln können.

Die von Dr. Buck gezüchtete Rose 'Quietness' ist sowohl robust und widerstandsfähig als auch attraktiv und duftend.

Die Kordes-Linie trug auch zum Zuchtbestand von Dr. Griffith Buck (1915–1991) bei, einem Gartenbauprofessor der Iowa State University, der Rosen für Landschaftsgärten züchtete. Um die Winterhärte seiner Züchtungen zu verbessern, erhielt er von einem Kollegen, dem Gartenbauexperten und Botaniker Professor Niels Hansen (1866–1950), Stecklinge der *Rosa laxa* 'Semipalatinsk', einer sibirischen Sorte aus der Sektion *Cinnamomeae.* Ihre sibirische Herkunft war Garant für Widerstandsfähigkeit und Winterhärte.

Auch Will Radler, Inhaber eines kleinen Zuchtbetriebs, bemühte sich darum, den Einsatz von Chemikalien überflüssig zu machen. Er schuf die Rosensorte 'Knock Out®', die schon seit Jahren auf dem Markt ist. Mit ihren gesunden, selbstreinigenden Blüten bringen diese Rosen und ihre Verwandten Farbe ins Beet und gehören inzwischen zu den meistverkauften Rosen in den USA. Die Sorte 'Knock Out®' wurde aus einer Kreuzung der *Floribunda*-Rose 'Razzle Dazzle' und der Strauchrose 'Carefree Beauty' entwickelt und ist äußerst robust.

Ebenso robust wie attraktiv sind auch die Strauchrosen der Rosenzucht David Austin Roses Ltd., deren prächtige, angenehm duftende Blüten der Marke weltweiten Erfolg einbrachten.

All diese Hybridisierungsbemühungen sind Beispiele für verschiedene Ansätze – von meinem erfundenen Beispiel einer ausschließlich auf ihre Rosafärbung hin gezüchteten Rose bis hin zu Kordes und Radler, die sich auf Krankheitsresistenz konzentrieren, und den David-Austin-Rosen, die atemberaubende Blüten und einen herrlichen Duft hervorbringen.

Wer seinen eigenen Rosengarten anlegen möchte, muss daher verstehen, worauf die Hybridisierung der gewählten Rosen abzielt. Wer z. B. einen chemiefreien Garten anstrebt, sollte Sorten wählen, die nachweislich krankheitsresistent sind oder speziell auf Krankheitsresistenz hin gezüchtet wurden.

WELTWEIT IM TREND: GESÜNDERE ROSEN

DIE WELT DES ROSENANBAUS hat sich verändert: Mittlerweile legt man großen Wert auf gesunde Pflanzen und geringeren Chemikalieneinsatz. So ist in einigen Ländern und Regionen wie z. B. Deutschland, New York City und Ontario (Kanada) der Einsatz von vielen Chemikalien untersagt. Der Trend scheint sich fortzusetzen, und mit der Entdeckung neuer, robuster Sorten gewinnt der chemiefreie Rosenanbau jedes Jahr an Bedeutung.

Mit Mutter Natur zusammenarbeiten, statt gegen sie zu kämpfen.

BRAD JALBERT (1995)

Für gesündere Rosen setzen sich inzwischen viele ein. Daher möchte ich mich bei den großen Rosenzuchtbetrieben dafür bedanken, dass ihnen die diesbezügliche Aufklärung der Verbraucher immer mehr am Herzen liegt. Zudem zolle ich den kleinen Rosenhändlern für ihre Ausdauer und Leidenschaft Respekt und bedanke mich bei Rosenzüchtern wie Ping Lim mit seinen robusten Easy-Elegance®-Rosen. Mein Dank gilt auch dem Rosenzüchter Brad Jalbert, der nach dem oben zitierten Motto arbeitet, und dem Gartenbauprofessor Dr. David Zlesak, der sich der Aufklärung über Sternrußtau und Krankheitsresistenz widmet und Rosen mit besonderer Widerstandsfähigkeit und Resistenz züchtet.

Darüber hinaus möchte ich auch jene würdigen, die alte Rosensorten sammeln. Die von ihnen neu entdeckten Rosen beweisen ein widerstandsfähiges Genmaterial und gelangen in den Handel.

Von großer Bedeutung sind in diesem Zusammenhang auch die Rosenprüfungen in aller Welt. Zu den angesehensten weltweit zählen die ADR-Sichtungen in Deutschland. Die Bewertungskriterien für die Prämierung sind Krankheitsresistenz, Widerstandsfähigkeit, Schönheit und Wuchsform. Weltweit finden viele ähnliche Prüfungen statt wie die American Rose Trials for Sustainability (A.R.T.S.®) und die Earth-Kind® Rose Field Trials. Von ihren zukunftsweisenden Bemühungen können wir nur profitieren. Mein herzlicher Dank gilt allen, die Rosen züchten und sich für eine gesündere Zukunft der Rosen einsetzen!

Alte Rosen, neu betrachtet

Rosen lehren uns Ausdauer, Stärke und Schönheit. Indem wir sie beobachten und uns, angeleitet durch Mutter Natur, um sie zu kümmern, entwickelt sich unser Wissen weiter. Hier passen die Worte des indischen Philanthropen Farooq A. Sheikh (1948–2013): »Ich hasse Biochemie, denn darin gibt es kein Kapitel über Rosen.« Mit all ihren Rosen ist die Welt ein herrlicher Ort. Daher sollten wir mehr Rosen pflanzen und all das lernen, was sie uns beibringen können.

Dieses Buch erzählt die Geschichte der Widerstandsfähigkeit von Rosen. Ihr Millionen Jahre währendes Überleben ist die Basis für ihre Zukunft: Rosen sind zeitlos, denn sie sind mehr als nur eine Laune der Natur. Und so werden sie uns auch weiterhin begleiten. Ebenso wie in unseren Gärten und Vasen ist ihnen ein Platz in unseren Herzen sicher. Wer etwas von Herzen Kommendes ausdrücken möchte, sagt es mit Rosen.

Er hob eine von Lornas Rosen auf und legte sie mir in den Schoß: »Hier.« Ich nahm sie und roch daran. Zart stieß er mich gegen die Schulter. »Siehst du? Das meine ich: Die Dornen hindern dich nicht daran, an ihr zu riechen oder sie in eine Vase auf dem Küchentisch zu stellen. Du tust es trotzdem. Die Rose ist es wert. Stell dir vor, was du sonst verpassen würdest.«

Charles Martin: *Chasing Fireflies: A Novel of Discovery* (2008)

NACHWORT:

ROSEN PFLANZEN – EINE HOMMAGE

Rosen pflanzen für die Zukunft

Verstehen Sie mich nicht falsch: Zwar bin ich ganz allgemein ein großer Naturliebhaber; ich liebe Bäume und kaufe mein Obst und Gemüse am liebsten direkt beim Erzeuger. Doch da dies ein Buch über Rosen ist, kommen diese hier eben an erster Stelle. Rosen danken dem Gärtner seine Mühen mit viel Freude und Schönheit. Ich bin der Meinung, dass man Rosen nur dann wirklich kennenlernt, wenn man sie pflanzt und pflegt. Deshalb möchte ich Sie dazu ermuntern, Rosen zu pflanzen und zu erfahren, auf welch vielfältige Weise sie unser Leben bereichern.

Rosen pflanzen für Beständigkeit

Unsere lange Verbundenheit mit der Rose können wir erneuern, indem wir Rosen pflanzen, um sie im Hier und Jetzt sowie für künftige Generationen erlebbar zu machen, uns von ihnen inspirieren und zum Träumen anregen lassen. Frei nach Aristoteles ist die Gesamtheit der Rosen stets größer als die Summe ihrer Teile. Geschichten über Rosen werden seit Jahrmillionen über alle Kontinente hinweg erzählt und sind ein wichtiger Bestandteil zahlreicher Kulturen. Die Enzyklopädie der Rosen wird stetig fortgeschrieben. Dank ihrer Beliebtheit, ihres Durchhaltevermögens und ihrer Widerstandsfähigkeit haben Rosen eine »rosige« Zukunft.

Rosen pflanzen für einen gesünderen Planeten

2019, als ich für die Royal Botanical Gardens in Ontario (Kanada) einen neuen Rosengarten entworfen hatte, bat mich eine Dame, ihr eine duftende Rose zu zeigen. Von ihrem Duft entzückt, machte sie auch andere Besucher auf ihre Duftentdeckung aufmerksam. Ihre Begeisterung ließ uns sofort Freundschaft schließen. Ich erzählte ihr, dass dem neuen Garten ein Konzept des natürlichen Gleichgewichts zugrunde lag: Wir umgaben die Rosen mit Begleitpflanzen, die nützliche Insekten anlockten, die Gesundheit der Pflanzen förderten und Schädlinge abwehrten. Wir richteten unsere Aufmerksamkeit auf gesunde Böden und setzten keine Chemikalien oder aggressiven Düngemittel ein. Stattdessen verwendeten wir ausschließlich organische Mittel, die das komplexe Bodensystem unterstützen, um den Pflanzen einen Untergrund zu bieten, auf dem sie gut gedeihen konnten.

Seit der Garten eröffnet wurde, haben Schildkröten ihre Eier neben den Rosensträuchern abgelegt und Frösche inmitten der Blüten ihr Quartier bezogen. Ein Zeichen dafür, dass unser gärtnerisches Konzept funktioniert. Indem wir uns der Pflanzengesundheit verschrieben haben, ist ein umweltfreundlicher Rosengarten entstanden. Wir sollten Mutter Natur dabei unterstützen, nach ihrer unendlichen Weisheit zu handeln. Indem wir in unseren Rosengärten ein natürliches Gleichgewicht fördern, helfen wir ihr dabei.

Rosen pflanzen der Erinnerung wegen

Meine ersten Erinnerungen an Rosen verdanke ich meiner Großmutter Helen. Der Garten meiner Großeltern war mein Zufluchtsort: Egal, was in meinem Leben passierte, ich fand Zuflucht in ihrer Oase. Zwar war ich mir dessen damals noch nicht bewusst, doch ihre Anwesenheit (die der Rosen wie auch die meiner Großeltern) vermittelte mir Geborgenheit und lehrte mich, fürsorglich und geduldig zu sein und die Natur wertzuschätzen. Mein Großvater vergrub die vom Frühstück übrig gebliebenen Bananenschalen stets neben einer Rose und brachte mir bei, wie man natürlich düngt – ein Wissen, das bis heute meine Arbeit und mein Denken bestimmt.

'Midas Touch'

Kurz bevor sie starb, sagte meine Mutter Elizabeth zu mir: »Wenn du einen gelben Rosenstrauch blühen siehst, weißt du, dass ich bei dir bin.« Ein Jahr später, genau an ihrem Todestag, begrüßte mich in einem meiner Gärten die gelb blühende Rose 'Midas Touch'.

Meine Mutter liebte gelbe Rosen, und wegen dieser gedanklichen Verbindung werde ich immer Ausschau nach ihnen halten und sie pflanzen. Nicht nur der Duft einer Rose, auch der bloße Anblick der Blüten kann eine Brücke in die Vergangenheit sein.

Rosen pflanzen der Freude wegen

Während ich dies schreibe, hält uns die Corona-Pandemie in Atem, die unsere Erinnerung an das Jahr 2020 prägen wird. Diese schwierige Situation betrifft alle Menschen auf der Welt und die Nachrichten sind bedrückend. Ein kürzlich erschienener Artikel über einen New Yorker COVID-19-Patienten namens Danny Burstein beschreibt, wie ihn eine Krankenschwester mit Übungen bei der Lungenkräftigung half:

> *Während sie durch die Nase einatmete, meinte sie: »Riech die Rosen!« Beim Ausatmen durch den Mund erklärte sie: »Puste die Kerzen aus!«*
>
> *The Hollywood Reporter* (13. April 2020)

In Zeiten wie diesen denke ich an Rosen und die Freude, Lebenskraft und Schönheit, die sie versinnbildlichen.

Tief in mir verwurzelt ist die Erinnerung an den Schriftsteller Leo Buscaglia (1924–1998). In seinem Buch »Leben – lieben – lernen« schilderte er, wie er einem Nachbarn, der gerade erst vom Tod eines Familienmitglieds erschüttert wurde, einen Schokoladenkuchen brachte. Sinngemäß schrieb er:

> *Denn egal, was passiert, ähnlich wie dieser Kuchen ist die Welt immer noch schön – wie ein perfektes Stück Schokoladenkuchen gehören auch Rosen zu den Köstlichkeiten der Welt.*
>
> LEO BUSCAGLIA (1982)

Ich erinnere mich an meine Zeit im Botanischen Garten von New York, wo ich als Kurator des Peggy Rockefeller Rose Garden arbeitete. Jeden Tag kamen Kinder in den Garten. Manche davon sahen und rochen Rosen zum allerersten Mal in ihrem Leben. Ich wusste, dass diese Erfahrung ihr Leben in gewisser Weise für immer verändern würde.

Rosen pflanzen, weil wir von ihnen lernen können

An den Schluss dieses Buches stelle ich ein Zitat aus einem meiner Lieblingsgedichte über Rosen:

> *Jeden Sommer öffnete sich eine jede Rose [...],*
> *um sich freudig zu erheben, jeden Tag.*
> *Habe ich jemals eine bessere Lehrerin*
> *gefunden?*
> *Noch niemals, noch nicht.*
>
> *The Poet Visits the Museum of Fine Arts,*
> in MARY OLIVER: *Thirst* (2006)

Die Rose 'Peter's Joy' wurde nach Peter E. Kukielski benannt.

BIBLIOGRAFIE

Andersen, Hans Christian: *Sämtliche Märchen*, Dearbooks, Berlin, 2018

Andrew Harvey (Hg.): *Call to Love: In the Rose Garden with Rumi* (engl.), Sterling Publishing, New York, 2007

Austin, David: *Die Rose: Vom Zauber einer Königin*, Franckh Kosmos, Stuttgart, 2017

Austin, David: *Faszination Englische Rosen: David Austin und seine Lieblingssorten*, Deutsche Verlags-Anstalt, München, 2017

Beales, Peter: *Rosen – meine Leidenschaft*, Christian, München, 2004

Becker, Herman F.: *The Fossil Record of the Genus Rosa* (engl.), in: *Bulletin of the Torrey Botanical Club*, Jg. 90, Nr. 2, März–April 1963, (S. 99–110)

Beveridge, Henry (Hg.): *The Tuzuk-i-Jahangiri: Memoirs of Jahangir* (engl.), Sang-e-Meel Publications, Pakistan, 2001

Blake, William: *Zwischen Feuer und Feuer*, dtv, München, 2007

Brown, Jane: *The Pursuit of Paradise: A Social History of Gardens and Gardening* (engl.), Harper Collins, London, 2000

Brüder Grimm: *Kinder- und Hausmärchen – Ausgabe letzter Hand mit den Originalanmerkungen der Brüder Grimm*, Reclam, Stuttgart, 2014

Bulwer Lytton, Edward: *Die letzten Tage von Pompeji*, Musaicum Books, 2019

Burns, Robert/Berdel, Dieter: *O, my luve's … Wia a Rosn rod! – Romantische Gedichte und Lieder im Scottisch Dialect/Wiener Dialekt*, Edition Roesner, Krems an der Donau, 2014

C. H. Wilkinson (Hg.): *Poems of Richard Lovelace*, Oxford University Press, Oxford, 1953

Calkin, Robert/Jellinek, Stephan: *Perfumery: Practice and Principles* (engl.), John Wiley & Sons, Inc., Hoboken, 1994

Calkin, Robert: *The Fragrance of Old Roses* (engl.), https://historicroses.org/the-fragrance-of-old-roses-by-robert-calkin, 1999

Cameron, Mark: *A General Study of Minoan Frescoes with Particular Reference to Unpublished Wall Paintings from Knossos* (engl.), Dissertation, University of Newcastle upon Tyne, Vereinigtes Königreich, 1974

Campion, Thomas: *The Works of Thomas Campion: Complete Songs, Masques, and Treatises with a Selection of the Latin Verse* (engl.), W. W. Norton, New York, 1970

Coleridge, Samuel: *The Complete Poems of Samuel Taylor Coleridge* (engl.), Penguin, London, 1997

Cruz, Juana Inés de la: *Sor Juana Inés de la Cruz: Selected Works* (engl.), W. W. Norton, New York, 2016

Day, Sonia: *The Untamed Garden: A Revealing Look at Our Love Affair with Plants* (engl.), McClelland & Stewart, Ontario, 2011

Dey, S. C.: *Fragrant Flowers for Homes and Gardens, Trade and Industry* (engl.), Abhinav Publications, Indien, 1996

Downing, Andrew Jackson (Hg.): *The Horticulturist and Journal of Rural Art and Rural Taste* (engl.), Bd. 2, Luther Tucker, New York, 1847–1848

Eco, Umberto: *Der Name der Rose*, Hanser, München, 1982

Elliott, Brent: *RHS The Rose* (engl.), Welbeck Publishing, London, 2020

Faulkner, William: *Eine Rose für Emily und andere Meistererzählungen*, Diogenes, Zürich, 2012

Forbes, Robert J.: *A Short History of the Art of Distillation* (engl.), Brill Publishing, Niederlande, 1970

Fox, Matthew/Lama Tsomo: *The Lotus & the Rose* (engl.), Namchak Publishing, Montana, 2018

Freeman, Mara: *Grail Alchemy: Initiation in the Celtic Mystery Tradition* (engl.), Destiny Books, New York, 2014

Geary, Patrick J. (Hg.): *Readings in Medieval History* (engl.), University of Toronto Press, Toronto, 2015

Gerard, John: *The Herbal or General History of Plants: The Complete 1633 Edition as Revised and Enlarged by Thomas Johnson Calla* (engl.), Dover Publications, New York, 2015

Gordon, Jean: *Pageant of the Rose* (engl.), Studio Publications, Inc., New York, 1953

Griffiths, Trevor: *The Book of Classic Old Roses* (engl.), Michael Joseph, London, 1988

Harkness, Peter: *Rosen – Die schönsten Illustrationen der Royal Horticultural Society*, DuMont, Köln, 2003

Heilmeyer, Marina: *Die Sprache der Blumen – Von Akelei bis Zitrus*, Bassermann, München, 2010

Henshaw, Victoria: *Urban Smellscapes: Understanding and Designing City Smell Environments* (engl.), Routledge, New York, 2013

Hobhouse, Penelope: *Der Garten – Eine Kulturgeschichte*, Dorling Kindersley, München, 2003

Iles, Linda: *The Isis Rose* (engl.), rosamondpress.com/2012/10/06/the-isis-rose

Jackson, Shirley: *The Possibility of Evil* (engl.), in: *Saturday Evening Post*, 18. Dezember 1965

Jashemski, Wilhelmina F. (u. a.): *Gardens of the Roman Empire* (engl.), Cambridge University Press, Cambridge, 2017

Johnston, William M.: *Encyclopedia of Monasticism* (engl.), Routledge, New York, 2015

Keats, John: *John Keats: The Complete Poems* (engl.), Penguin, London, 1977

Khan, Hazrat Inayat: *Das innere Leben*, Verlag Heilbronn, Polling, 2018

Kukielski, Peter E.: *Roses Without Chemicals* (engl.), Timber Press, Portland, 2015

Landsberg, Sylvia: *The Medieval Garden* (engl.), University of Toronto Press, Toronto, 2004

Lane Fox, Robin: *Alexander der Große. Eroberer der Welt*, Klett-Cotta, Stuttgart, 2005

Leffingwell, John C.: *Rose (Rosa damascena)* (engl.), Leffingwell & Assoc., www.leffingwell.com/rose.htm

MacDougall, Elizabeth: *Medieval Gardens: History of Landscape Architecture Colloquium:* v. 9. (engl.), Dumbarton Oaks Research Library and Collection, Washington D.C., 1986

Macoboy, Stirling: *The Ultimate Rose Book* (engl.), Harry N. Abrams, Inc. Publishers, New York, 1993

Mallanaga Vatsyayana: *Kamasutra: Das Original von Vatsyayana*, Fischer Taschenbuch, Frankfurt a. Main, 2006

Moldenke, Harold N.: *Medieval Flowers of the Madonna* (engl.), University of Dayton, Ohio, 1953

Moore, Thomas: *Irische Melodien*, hansebooks, Norderstedt, 2016

Newman, John Henry: *Meditations and Devotions* (engl.), Paraclete Press, Orleans, 2010

Olcott, Frances Jenkins: *The Wonder Garden* (engl.), Pook Press, London, 2013

Oliver, Mary: *Thirst* (engl.), Beacon Press, Boston, 2006

Oppenheim, James: *Bread and Roses* (engl.), in: *American Magazine*, Dezember 1911

Parsons, Samuel Browne: *Parsons on the Rose* (engl.), Earl M. Coleman Enterprises, New York, 1979

Parsons, Samuel Browne: *The Rose: Its History, Poetry, Culture, and Classification* (engl.), Wiley & Putnum, New York, 1847

Phillips, Roger/Rix, Martyn: *The Quest for the Rose* (engl.), Random House Inc., New York, 1993

Piesse, George William Septimus: *The Art of Perfumery: And Method of Obtaining the Odors of Plants* (engl.), University of Michigan Library, Michigan, 2004

Plutarch: *Große Griechen und Römer*, Anaconda, München, 2020

Potter, Jennifer: *Seven Flowers and How They Shaped Our World* (engl.), Atlantic Books, London, 2013

Potter, Jennifer: *The Rose, A True History* (engl.), Atlantic Books, London, 2010

Preston, Diana: *Taj Mahal: Passion and Genius at the Heart of the Moghul Empire* (engl.), Walker & Company, New York, 2008

Reinarz, Jonathan: *Past Scents: Historical Perspective on Smell* (engl.), University of Illinois Press, Illinois, 2014

Saint-Exupéry, Antoine de: *Der Kleine Prinz*, Anaconda, München, 2019

Sawer, John Charles: *Rhodologia: A Discourse on Roses, and the Odor of Rose* (engl.), Palala Press, Mishawaka, 2018

Schabestari, Mahmoud: *The Secret Rose Garden* (engl.), Phanes Press, Michigan, 2002

Schieberle, Peter/Poisson, Luigi: *Characterization of the Key Aroma Compounds in an American Bourbon Whisky by Quantitative Measurements, Aroma Recombination, and Omission Studies* (engl.), in: *Journal of Agricultural and Food Chemistry*, Jg. 56, Nr. 14, 2008 (S. 5820–5826)

Scott, Walter: *Anne of Geierstein: Or, The Maiden of the Mist* (engl.), Cadell and Co., Edinburgh, 1829

Semple, Ellen Churchill: *Ancient Mediterranean Pleasure Gardens* (engl.), *in: Geographical Review*, Jg. 19, Nr. 3, Juli 1929 (S. 420–443)

Shakespeare, William: *Die Sonette*, Winkler Verlag, München, 1988

Shakespeare, William: *Dramen*, Winkler Verlag, München, 1988

Shelley, Percy Bysshe: *The Major Works* (engl.), Oxford University Press, Oxford, 2009

Shiner, Larry: *Art Scents: Exploring the Aesthetics of Smell and the Olfactory Arts* (engl.), Oxford University Press, Oxford, 2020

Smith, Amanda: *The Modern Science of Smell* (engl.), www.abc.net.au/radionational/programs/archived/bodysphere/features/5394434, 2014

Smith, William (Hg.): *Dictionary of Greek and Roman Geography* (engl.), Little, Brown, and Company, Boston, 1870

Stein, Gertrude: *Portraits und Stücke*, Arche, Zürich, 1987

Su, Tao (u. a.): *A Miocene Leaf Fossil Record of* Rosa (R. fortuita *n. sp.) from its Modern Diversity enter in SW China* (engl.), in: *Palaeoworld*, 25, 2015 (S. 104–115)

Theophrast: *Enquiry Into Plants and Minor Works on Odours and Weather Signs* (ins Englische übersetzt von Sir Arthur Hort), Harvard University Press, Cambridge, Mass., 1916

Thompson, Dorothy B./Griswold, Ralph E.: *Garden Lore of Ancient Athens* (engl.), Oxbow Books, Oxford, 2013

Todd, Helen: *Getting out the Vote: An Account of a Week's Automobile Campaign by Women Suffragists* (engl.), in: *American Magazine*, September 1911

Toynbee. J. M. C.: *Death and Burial in the Roman World* (engl.), Johns Hopkins University Press, Baltimore, 1996

Tucker, Arthur O.: *Identification of the Rose, Sage, Iris, and Lily in the 'Blue Bird Fresco' from Knossos, Crete (ca. 1450 BCE)* (engl.), in: *Economic Botany*. Jg. 58, Nr. 4, 2004 (S. 733–736)

Urbani, Pietro: *A Selection of Scots Songs, Vol. 1: Harmonized Improved With Simple, and Adapted Graces, Most Respectfully Dedicated to the Right Honourable the Countess of Balcarres* (engl.), Forgotten Books, London, 2018

Villeneuve, Gabrielle-Suzanne Barbot de: *Die Schöne und das Tier*, Insel, Frankfurt a. M., 1977

Voragine, Jacobus de: *Die Legenda aurea: Das Leben der Heiligen*, Gütersloher Verlagshaus, Gütersloh, 2007

Webster, Richard: *Magische Liebessymbole*, Silberschnur, Güllesheim, 2010

Williams, Henry T. (Hg): *The Horticulturist and Journal of Rural Art and Rural Taste* (engl.), Forgotten Books, London, 2018

Winston-Allen, Anne: *Stories of the Rose: The Making of the Rosary in the Middle Ages* (engl.), Pennsylvania State University Press, Pennsylvania, 1997

Wordsworth, William: *The Major Works* (engl.), Oxford University Press, Oxford, 2008

REGISTER

Über die Autoren

PETER E. KUKIELSKI
ist Gartendesigner und ein renommierter Gartenbauexperte. Von 2006 bis 2014 arbeitete er als Kurator des preisgekrönten Peggy Rockefeller Rose Garden im Botanischen Garten von New York.

CHARLES PHILLIPS
hat bereits über 35 Bücher verfasst, darunter *The Medieval Castle* (2018).

JUDITH B. TANKARD
ist Kunsthistorikerin mit Schwerpunkt Landschaftsgeschichte. Sie hat zehn Bücher verfasst, darunter Werke über die Landschaftsgärtnerin Beatrix Farrand und die Gartengestalterin Gertrude Jekyll.

Danksagung

Dieses Buch ist meiner Großmutter Helen gewidmet, die mich behutsam in die Welt der Rosen und all ihrer Geheimnisse einführte, auch wenn ich damals noch zu jung war, die Bedeutung dieser Erfahrung zu begreifen.

Ich bin voller Dankbarkeit für jede Erfahrung und danke allen Menschen in meinen Leben, die mich gefördert haben.

Darüber hinaus danke ich allen, die an der Fertigstellung dieses Buches in seinen verschiedenen Stadien mitgewirkt haben: Sorrell, Abbie und Jacqui von Bright Press; Beth für das Lektorat; Jane Lanaway für das Design; Jean von Yale für die Beratung; Charles Phillips für seinen Beitrag; Gaye und Alex für ihre Ratschläge und insbesondere Kate Duffy für die Mitarbeit.

Meinen Freunden danke ich für die stete Unterstützung und ihre Rosenbegeisterung.

Ein besonderer Dank geht an meinen Mann Drew Hodges für seine Liebe und Unterstützung, die es mir ermöglichen, meiner Leidenschaft zu folgen.

PETER E. KUKIELSKI

Bildnachweis

Der Herausgeber dankt den folgenden Rechteinhabern urheberrechtlich geschützten Materials für die Genehmigung zur Veröffentlichung:

Alamy: 7, Glenn Harper; 16L Album; 20R Matthew Taylor; 38, 188 The Natural History Museum; 42 Walker Art Library; 47, 181 Dinodia Photos; 48 The Reading Room; 53 Chris Hellier; 55T Pjr Studio; 55B Interfoto; 59 Artokoloro; 64 Falkesteinfoto; 77BL agefotostock; 99 Archivah; 105 Science History Images; 125 North Wind Picture Archives; 152 incamerastock; 162, 165 Old Images; 164 Hamza Khan; 162 und Coverrückseite Art Collection 2; 168 Florilegius; 171 Fabiano Sodi; 173 The History Collection; 191, 236 Les Archives Digitales; 198 Steffen Hauser/botanikfoto; 203 Picture Art Collection; 209 Granger Historical Picture Archive; 217 PAINTING; 219 Heritage Image Partnership ltd; 223 Collection Christophel; 224 Pictorial Press; 227L Everett Collection, inc.; 233 Richard Levine

Bridgeman Images: 67 Archives Charmet; 70; 79; 81 The Maas Gallery, London; 94 Accademia Italiana, London; 118 British Library; 229 Photo © Christie's Images

David Austin Roses www.davidaustinroses.com: 21R, 22R, 24R

Getty Images: 15 Paroli Galperti/REDA&CO/Universal Images Group; 62 DEA/G. Dagli Orti; 69, 154, 193 Fine Art Photographic; 73, 142, 145 Print Collector; 84 Sepia Times; 102 Heritage Images; 106 Thekla Clark; 110/111 DEA/G. Nimattalah; 115 Leemage; 127 Mondadori Portfolio; 136 DEA Picture Library; 174 PHAS; 176/177 DEA/Archivio J. Lange; 215 Staff

iStock: 45, 56, 141, 194

Peter E. Kukielski: 20L, 21L, 22L, 26L, 243, 248, 249

Shutterstock.com: 2, 3, 5, 13, 17, 18, 19, 24L, 31, 32, 35, 37, 39, 41, 50, 60, 61, 71, 76, 77T, 77R, 82, 86/87, 89, 104, 108, 130, 137, 144, 153, 157, 160TR, 161, 178, 179, 205, 220, 222, 225, 227R, 235, 239

Staatsbibliothek zu Berlin Preußischer Kulturbesitz, Orientabteilung (Ms. or. oct. 1602, fol. 48v): 133

Suntory Holdings Ltd. 197

Wikimedia Commons: 10 Redouté *Rosa damascena* https://clevelandart.org/art/1965.291; 14T, 27L Salicyna; 14 bottom Yuri75; 23R Jengod; 25 Gartenfrosch; 26R Kelvinsong; 27R, 207 A. Barra; 28 Mr. and Mrs. Charles G. Prasse Collection/Cleveland Museum of Art; 34 Michael Wolf; 74 Krzysztof Ziarnek, Kenraiz; 91 Georges Jansoone; 93 Cleveland Museum of Art https://clevelandart.org/art/1977.128; 97 Wiki PD-Art Sotheby's New York; 100 Wiki PD-Art Musée Jacquemart-André; 112, 212 Schenkung im Namen von Warren H. Corning durch seine Gattin und Kinder https://clevelandart.org/art/1959.17; 117 Wiki PD-Art; 120 Wiki PD-Art http://www.patriziasanvitale.com; 122 Wiki PD-Art The Yorck Project (2002) 10.000 Meisterwerke der Malerei (DVD-ROM), Vertrieb durch DIRECTMEDIA Publishing GmbH; 129, 230 Wiki PD-Art Museo Thyssen-Bornemisza, Madrid; 138 Library of Congress http://lccn.loc.gov/50049695l; 146 Wiki PD-Art National Gallery;149 Wiki PD-Art Bens Culturais da Igreja; 159 Wiki PD-Art Bilkent University; 160 Wiki PD-Art; 182/183 Wiki PD-Art Dauerleihgabe der HypoVereinsbank, Member of UniCredit; 185 Wiki PD-Art Geschenk von Wallace und Wilhelmina Holladay; 186 Wiki PD-Art Google Cultural Institute; 201 Wiki PD-Art The Walter H. and Leonore Annenberg Collection, Schenkung von Walter H. und Leonore Annenberg, 1993, Nachlass von Walter H. Annenberg, 2002; 211 Wiki PD-Art Museo Nacional del Prado; 234; 241 Andrey Korzon

Um die Genehmigungen zum Abdruck urheberrechtlich geschützten Materials zu erhalten, wurden alle angemessenen Anstrengungen unternommen. Die Herausgeber bitten, etwaige Fehler oder Auslassungen zu entschuldigen, und werden eventuelle Korrekturen für künftige Nachdrucke bei entsprechender Benachrichtigung berücksichtigen.